KAWADE
夢文庫

思わず興奮する こういう 数学のはなしなら面白い

池田洋介

河出書房新社

読むだけで数学が好きになり、世の中の見え方が一変する!!◉まえがき

「他人の褌で相撲を取る」という言葉がある。冷静に考えれば、すごい言葉だ。他人に頼まれて気軽に貸すことができるのは、ぎりぎりハンカチくらいまでだろう。体操服だとかなり躊躇する。

それが褌である。あの“男のプライベートゾーン”をがっちり締め上げる褌である。他人に貸したくはないし、まかり間違っても他人のものは締めたくない。

きっと「居心地が悪い」の最上級を意味する言葉なのだろうと思いきや、本当の意味は**「他人が成し遂げたことに便乗して自分が利益を得る」**だ。他人の褌を締めることのどのあたりが利益にあたるというのだ。まったくわからない。

「数学に興味のない人でも楽しんで読み通せるような数学書」を書きませんか、というオファーをいただいたとき、ほとんど二つ返事で了解した。そんな本を書いてみたいという思いは、僕の中で以前からあったからだ。

と同時に頭をよぎったのは、類似の本はすでに数多

く世にあるということだ。今さら僕が書いたところで、それは散々語り尽くされている内容を、改めて語り直すだけのことになりはしまいか。それはまさに「他人の褌で相撲を取る」ことであり、おこがましくもあり、居心地が悪くもある。

だから、本書を執筆するにあたって、僕は２つのことを自分に課すことにした。１つ目は、**ありふれた題材でも、そこに何かしら自分なりの新しい切り口を加える**ことである。

じつは、僕は数学講師をする一方でプロのパフォーマーとしても活動している。パフォーマンスといってもいろいろな種類があるが、僕がやっているのは「ジャグリング」「マジック」「パントマイム」などを融合させたオリジナルの芸だ。ありがたいことに、それが国際的にも評価され、現在ではヨーロッパを中心に世界中で公演を行なう日々を送っている。

パフォーマーの世界では「いかに他人と違うものの見方をするか」が自分のアイデンティティーになる。ありふれた景色が、プロの写真家によって独自のアングルから切り取られたとたん、まったく違うものに見えるように、日常の別の表情を観客に提示することこそがパフォーマンスであり、その「視点」にこそオリジナリティーが宿ると僕は思っている。

日常を数学講師としての「視点」で、そして数学をパフォーマーとしての「視点」で見る。「視点」の工夫次第で、よくある数学の素材にも、新鮮な輝きを与えられるはずだ。

２つ目に注意したのは、**わかりやすさを重視するあまり、肝心の数学の部分で不完全な説明をしないようにする**ことだ。ときに「わかりやすい説明」というのは「わかりやすいことしか書いてない説明」になりがちだ。

残念ながら数学は難しいし、面倒くさい。しかしそれは、まぎれもなく数学という学問の一端（いったん）であるのだから、そこをごまかしてしまうのは、数学の魅力を半減させてしまうことだと思うのだ。

だからこそ、多少数学的に難しいことも、なるべく逃げずに説明するというスタンスを貫（つらぬ）くことにした。とはいえ、**予備知識はほとんど必要ない。**本書に登場する数式は、中学生レベルの数学の知識があれば十分理解できる。

それでも「数式を見るのも苦手だ」という人は、それを「縄文人が洞窟に描（えが）いた壁画（へきが）か、宇宙人からのメッセージ」くらいに思って読み飛ばしてもらってもかまわない。何であれ、新しいことを学ぶときのコツは、わからないときに、それをいったん頭の中の「わからないフォルダ」に入れて、先に進むことである。

それでも全体の内容を把握するうえでは何の問題もないことが多いし、フォルダの中身が思いがけないタイミングで別の何かと結びつき、「わかった！」に変わることもあるかもしれない。学びとはそういうものである。

かくして「アマチュア数学者であり、プロのパフォーマーである僕が、自分の褌で相撲を取りながら書いたユニークな数学の本」ができた、と自分では思っている。この本には、時に笑いながら、時に頭をひねりながら楽しく読み通すことができる33の「お話」がまとめられている。

それぞれの項目には関連しているものもあるが、基本的には単独で完結するものだから、順番などは気にせずに、興味のあるものから読んでもらいたい。

すべての項目を読み終えたときに、**数学という存在がみなさんにとって「他人」でも「神」でも「親の敵(かたき)」でもなく、「法事のときだけ会う、ちょっと面倒くさい親戚のおじさん」**くらいの距離感になってくれていることが、僕の理想である。　池田洋介

思わず興奮する!
こういう数学のはなしなら面白い◉もくじ

1章 常識をくつがえす数学のはなし

けっして不満が出ないケーキの切り分け方 —— 10
けっして不満が出ないケーキの切り分け方② —— 16
板チョコを「無限」に食べつづける方法 —— 22
ドラクエマップに秘められていた真実 —— 27
パスポートのスタンプと「一筆書き」問題 —— 34
ランニングとラジオとカクテルと —— 41
エスカレーターの「片側空けルール」は有効？ —— 46

2章 人生で必ずや役立つ数学のはなし

日常の中に存在しているアルゴリズム —— 56
大美術館の展示すべてを効率よく鑑賞する方法 —— 60

ちりも積もれば…本当に山になる？ —— 69
シャンパンタワーの不都合なリアル —— 76
“貧乏性”のシャンパンタワー —— 84
墓地の近くで交通事故が多発する理由 —— 93
統計データは、あなたをダマシにかかる —— 98
人はなぜ「トイチの利息」を受け入れるのか —— 105

3章
教科書に載せてほしい数学のはなし

「不幸の手紙」が増殖するメカニズム —— 112
銀メダリストの憂鬱 —— 121
効率のよい「全順位決定」方式を考える —— 128
あみだくじを「数学」する —— 134
“接待あみだくじ”とバブルソート —— 142
ビジネスホテルの蛇口は、なぜ水量調整しにくいのか —— 151
無意識がつくりだす「秩序」の不思議 —— 157

4章

その魅力に興奮する数学のはなし

「直線が描きだす曲線」の芸術 —— 166
ミスのない「人文字」をつくる方法 —— 172
ルービックキューブは巡る —— 180
電卓がファミコンに勝利した日 —— 184
電卓から覗いた無限の世界 —— 189
コピー用紙はなぜ「あのサイズ」なのか —— 197
「黄金比」という言葉の幻想 —— 204
心をザワつかせる「不気味の谷」 —— 211
「わからない」が科学を動かす～あとがきにかえて —— 219

こんな所にも数学のはなし —— 53／163

カバーイラスト◉Matsu（マツモトナオコ）
本文イラスト◉瀬川尚志
章扉イラスト◉kateen2528／PIXTA

1章

常識をくつがえす数学のはなし

けっして不満が出ない ケーキの切り分け方

おかずを注文すれば、ごはんは何杯でもおかわり自由であるような定食屋がある。食べざかりの若者にはじつに有難いサービスだ。

ところが、これに対してこんなクレームがつく。

「私は体が細くてそんなにたくさん食べられないから、ごはんのおかわりはできない。でも、たくさん食べる人と同じ金額を支払わなければならないのは納得がいかない」

それを受けて、その定食屋はおかわりに対して追加料金をとるようになった。

このような話を聞くにつけ、人の心というのはなかなか難しいものであると思う。おかわり自由にすれば確かにたくさん食べる人は「得をする」だろうが、だからといっておかわりをしない人が「損をする」わけではない。

ところが「他人が得をしている」ということを「自分が損をしている」ととらえる心理が人には働くようである。

さて、ここでのテーマは**「不満が出ないケーキの切り分け方」**についてだ。こう書くと、「ホールケーキを正確に３等分や４等分するには、どのようにナイフを入れればいいのかという話ね」と多くの人が思うだろう。最近はスマホでケーキを撮影すれば、最適な切り方を教えてくれるようなアプリもあるらしい。

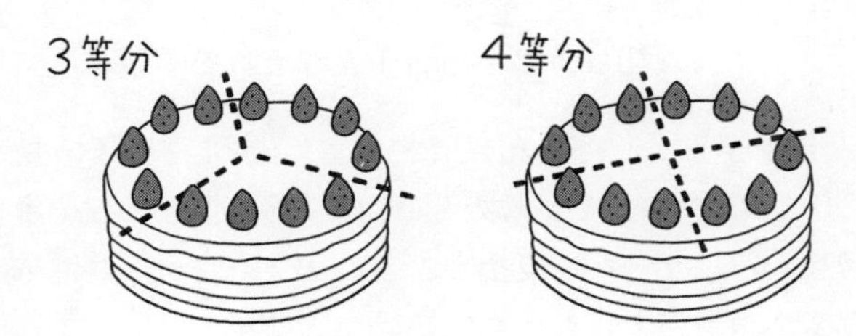

しかし「正確に等分される」と「不満が出ない」はじつはまったく別の話なのである。仮に先ほどのアプリを用いてケーキを正確に分割してみんなに配ったとしよう。

しかし、誰かが他人のケーキを見て「あの人の取り分は自分よりも多く見える。ひょっとしたらあの人はアプリの指示を無視して、自分の取り分を多くしたのではないか」と疑い始めれば、そこに不満が生じてしまう。

誰からも「不満が出ない」というのは**全員が「自分**

の取り分が他人のどの取り分と比べても小さくない（大きいか、もしくは等しい）」と信じている状態、と定義しよう。そんな都合のいい状態をつくることが果たして可能なのかと思うかもしれないが、じつは２人でケーキを分ける場合には、昔から知られているシンプルな解決策がある。

１人が切り分け、もう１人がそれを選ぶ

いわゆる「Cut-and-Choose」の原理である。切り分ける側はどちらを取られたとしても損をしないように均等にケーキを切ろうとする。一方、選ぶ側は少しでも大きいと思うほうを選ぼうとする。結果、両者ともに自分の取り分は「全体の１/２以上」つまり「相手よりも少なくはない」と信じることになり、先の要件を満(み)たすのである。

では、もし分ける対象が2人ではなく3人になったらどうなるだろうか。前ページの解決法を3人に拡張することを考えてみよう。

3人をA、B、Cとしておく。1つの考え方はこうだ。まずAとBが先ほどの「Cut-and-Choose」の原理を用いてケーキを2つに分ける。次にAとBは自分のとったピースをさらに3つのピースに分割する。最後にCがA、Bそれぞれから3つのピースのうち一番大きいと思うものを1つずつとる。

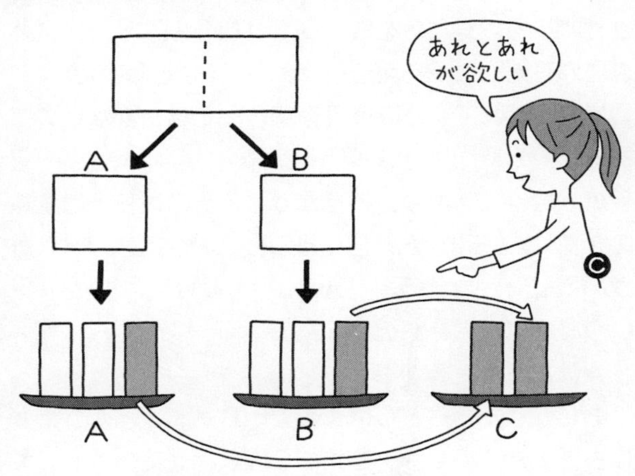

順を追って見てみよう。最初の分け方についてはすでに説明したようにAもBも自分の取り分が「1/2

以上ある」と信じることができる。
　さらにAとBは（Cがどのピースをとってもいいように）自分のとったピースを正確に3等分しようとする。だからCがどれを選んだとしても、自分の手元には1/2×2/3＝1/3以上のピースが残っていると信じるだろう。
　一方、CはAのピース、Bのピースのそれぞれから1/3以上あると思うピースをとったのであるから、それを合わせたものは全体の1/3以上だと信じることができる。結果的に、全員が「自分の取り分は全体の1/3以上である」と信じることになるわけだ。
　めでたしめでたし。一件落着……**とはいかないのである。**
　確かに、このやり方で全員が「自分の取り分は全体の1/3以上である」と信じることはできる。しかし「誰かの取り分が自分の取り分より多いのではないか」という疑いは拭（ぬぐ）いきれないのだ。
　Aはこう考えるかもしれない。
「もしかしたらBとCはグルで、Bはわざと1つのかけらを大きく切って、それをCに選ばせたのかもしれない。そのときは、Cの取り分が自分より大きくなる可能性がある」

同様の疑いはBも持つだろう。また、Cはこう考えるかもしれない。「AとBがグルで、AはBにわざと大きいほうをとらせたのかもしれない。そのときは、Bの取り分が自分より大きくなる可能性がある」と。

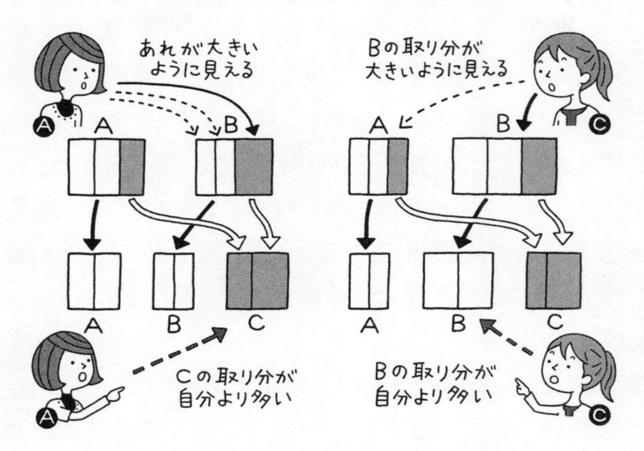

つまり、この分け方では全員の不満は解消できないのである。これは冒頭に説明した「自分が損をしていなかったとしても、他人が得をするのはイヤだ」と考える厄介（やっかい）な人間心理である。

個人的には、これについての最良の解決は「つべこべいわずに食え」であるが、ここは辛抱（しんぼう）強い数学者。彼らはこんなクレーマーも納得せざるをえない方法を思いついた。次項をまるまる使って解説しよう。

けっして不満が出ない ケーキの切り分け方②

「不満が出ない」ケーキの切り分け方とは、数学の問題であり、一方で人の心のありよう、ひいては社会制度のありようの問題でもあるのがとても興味深い。

もし、３人全員が「多少の不利益については目をつぶりましょう」という仏の心を持てば、すべては丸く収まる。誰もが誠実であろうとし、相手の誠実さも疑いなく信じることができる社会には、問題は存在しないのである。

しかし、残念ながら人は誰より多くをほしがるし、誰かを出し抜こうとするし、誰かが得をすることに我慢できない。だからこそ社会にはルールが必要になる。

では、どのようなルールをつくれば、自分勝手な行ないを抑制(よくせい)することができるだろうか。

理想的なのは「自分勝手であろうとすればするほど結果的に全員の利益となる行動をとらざるをえない」というルールをつくることである。前の項で紹介した「Cut-and-Choose」の原理がまさにそれだ。

このルールのもとで自分が一番利益を得ようとすれ

ば、おのずと平等な振る舞いをせざるをえなくなる。その意味でこれはとても良くできたルールなのだ。

A、B、Cの３人でケーキを分割するときにもこんな理想的なルールをつくることができないだろうか。

３人ともが自分以外の誰も信じず、常に自分が得になる行動をとる究極に利己的な人間だと想定し、それでもなお、彼らが結果的に全員を利する行動をとらざるをえないようなルール。そんなものがありうるのだろうか。

以下の説明をじっくり読んで確かめてほしい。まず、Aがケーキを３つに分ける。Bはその３つのケーキを見て、その中で一番大きいケーキがどれかと考える。

もし、一番大きいケーキが２つ以上あると思った場合（つまり「３つがすべて同じ大きさ」か「１つだけが小さく、残り２つは同じ大きさ」と思った場合）はBは何もせずに「パス」と言う。

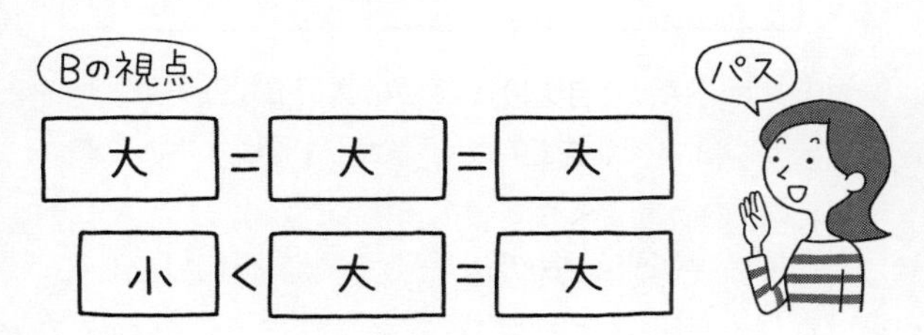

もし、Bが「パス」した場合は、C→B→Aの順番でケーキを選ぶ。これで問題解決である。

なぜかというと、Cは3つの中で自分が一番大きいと思うものを選べる。BはCがどれを選んだとしても、自分が一番大きいと思うケーキが少なくともあと1つ残っているから、それを選べばいい。Aは自分で切り分けたのだから、どれが残っても文句はない。これで確かに3人全員が「不満のない」分け方になっているわけだ。

では、Bが「パス」しないときを考えよう。Aが切り分けた3つのピースの中で一番大きいピースが1つ「だけ」ある（とBが思った）場合だ。

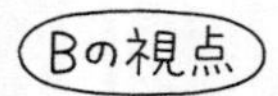

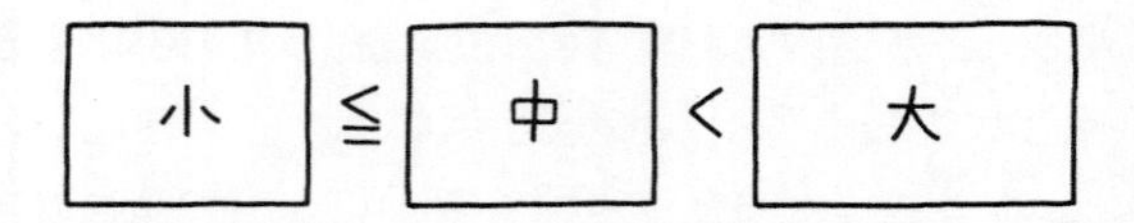

そのピースをP、Bが2番目に大きいと思うケーキをQ、もう1つをRとする（QとRは同じ大きさである可能性もある）。

この場合は、BはPから小さなピースを切り出して、残りがQと同じ（と自分が考える）大きさになるようにする。そして、切り出された小さなピースをL、残りをP'とする。

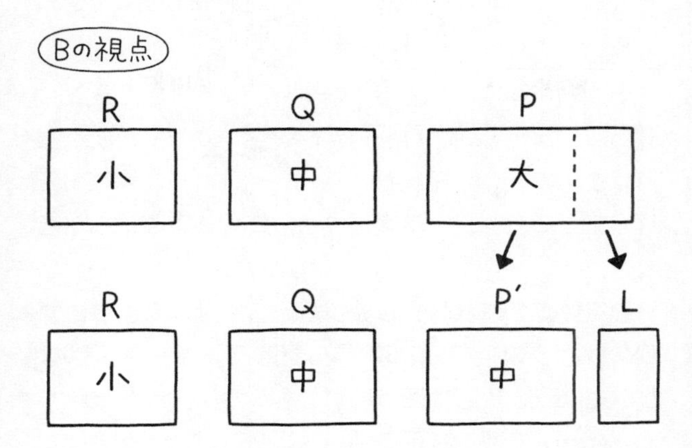

このLはいったん横においておき、ケーキP'、Q、RをC→B→Aの順番で選ぶ。ただし、**BはP'が残っていた場合は必ずP'を選ばなければならない**とする。これにより、Lを除いた部分について全員が自分の取り分に納得するはずだ。

Cは3つの中で自分が一番大きいと思うものを選べるし、BはCがどのケーキを選んだとしても、P'かQのいずれかを選ぶことができる。Aは自分で切り分けたQとRについては、どちらが残っても文句はない。

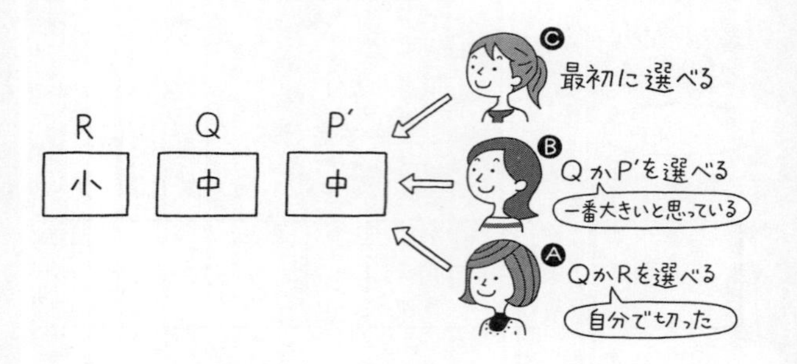

さて最後に残ったLの扱いだ。これは次のようにする。BとCの中で「P′を選んだほう」をX、選ばなかったほうをYとする。YがLを３つに分け、それをX→A→Yの順に選ぶ。これで誰からも文句は出ない。

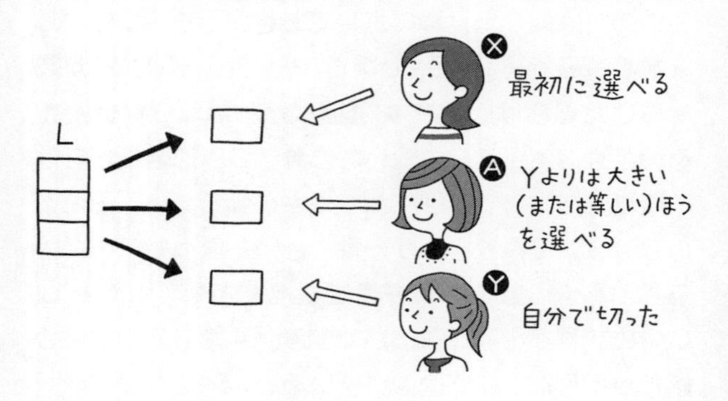

なぜかを考えてみよう。Xは最初に選ぶのだから当然文句はない。Aについては、Xが自分より大きいピースを選ぶ可能性があるが、それは別にかまわない。

なぜなら、**Aが初めにケーキを3つのピースに分けた時点で「P'とLを合わせたもの(つまりP)」がQやRと同じ大きさである**と思っていたのだ。P'を選んだXがLからどれだけとろうが(仮に全部をとろうが)、トータルで自分の取り分を超えることはないと考える。

最後にYについては、自分で切り分けたのだから、どれを選ばれても文句はない。

以上で3人の誰もが「不満を持つことがない」ようにケーキを分割できたことになる。もちろん、3人がこの話を理解できたら、の話であるが。

数学者はさらに暴走して、ケーキをn人で分割するケースに一般化する方法も考えた。ただし、その場合、ケーキはさらに細かく切り刻まれることになり、もはや原型を留(とど)めないであろうケーキを食べたいと思えるのかは甚(はなは)だ疑問である。

ちなみに、いとも簡単なことを英語で「Piece of Cake(ケーキひとかけら)」というのは、この話のオチとして絶妙な皮肉になっている。

板チョコを「無限」に食べつづける方法

まずは、下の図を見ていただきたい。

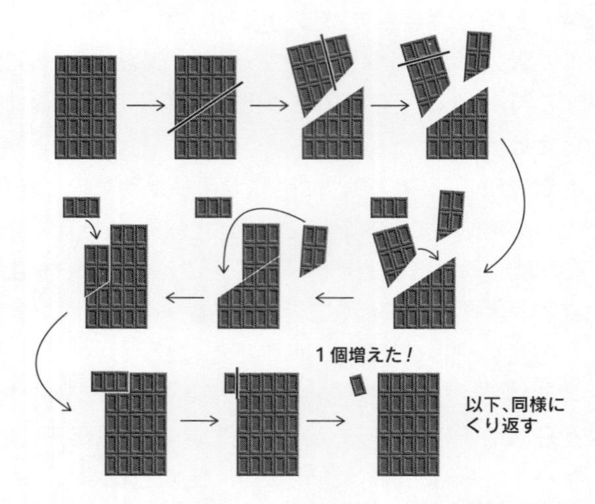

これは、**1枚の板チョコを切って、並べ替えるだけで、チョコ1かけら分を増やすことができる画期的な方法**を解説したものである。

じつはこの画像、僕がツイッター上に「【ライフハック】板チョコを無限に食べる方法」と題して投稿し、その後世界中に拡散されたものだ。

もちろん、これはジョーク。ところが、真(ま)に受けてしまう人も一定の割合いるようで、実際に板チョコを切ってみたという強者(つわもの)も続出した。なかには、うまくいかなくて「これはイカサマだ」とか「デマを広めるな」と怒り始める人もいたのだが、大多数の人にはその意図を十分理解したうえで「なぜ、そういう錯覚が起こるのか?」を発見する図形パズルとして楽しんでいただけたと思う。

以下では、このトリックのタネ明かしをしていくが、もしこの画像を初めて見たという人は、読み進める前に、ぜひゆっくり時間をかけて、このミステリーを解き明かしてみてほしい。

並べ替えることで図形の面積が増えたり、減ったりするトリックは「消失(出現)パズル」として昔から知られている。ここではもっとも基本的な原理を説明しよう。下の図を見てほしい。

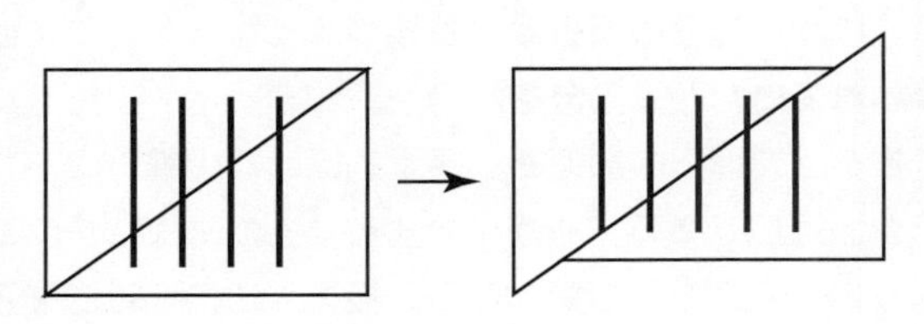

左の紙に書かれた4本の線が、紙を斜(なな)めに切って「ずらす」ことで5本に増えている。

さて、**この5本目の線はいったいどこからやってきたのだろう？**　これを説明するために、次の図を見てみよう。

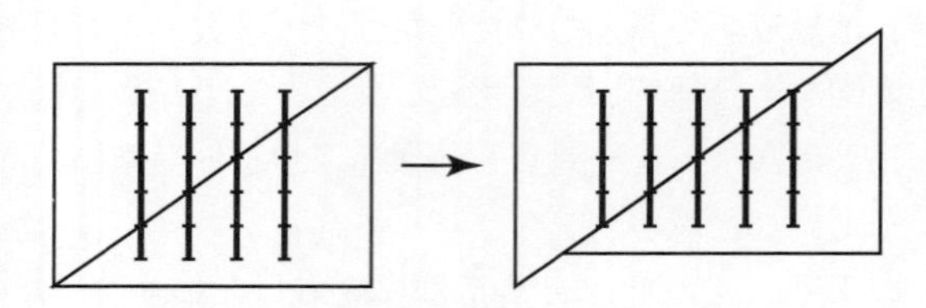

これは先ほどの線分に等間隔の目盛りを打った図だ。これを見ると、初めにあった4本の線分の長さは「5目盛り」であるにもかかわらず、後ろの5本の線分の長さは「4目盛り」になっていることがわかる。「5目盛り×4本」も「4目盛り×5本」も、元々20目盛り分なので、全体の分量は変化していない。何もないところから生まれたように見える5本目の線分は、**ほかの線分の長さが少しずつ短くなることでまかなわれていた**わけである。

板チョコ増殖の原理も、基本的にはこの線分のトリックと同じである。わかりやすくするために、チョコを5×5の正方形と見なそう。板チョコの切り口を正確に作図すると、下図のようになる。

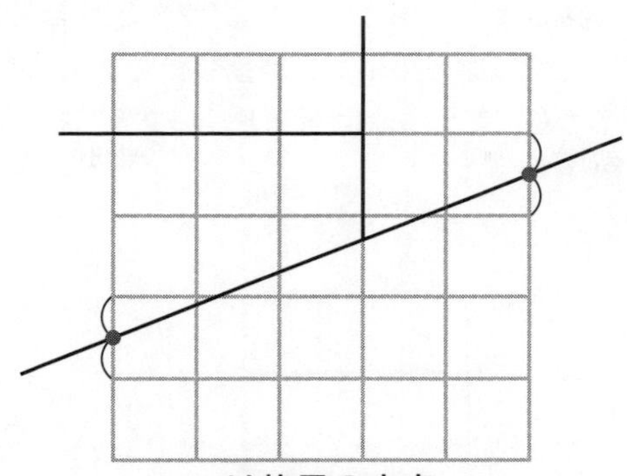

● は格子の中点

これを並べ替えることで、板チョコが1目盛り分増える……という話なのだが、じつはごまかしがある。並べ替えたあとの長方形は、元の長方形よりも高さが減っているのだ。

R
Q
P
S

R
P
Q
S

正確に計算してみると、減っている高さは0.2目盛り分。したがって、減った面積は0.2×５＝１となる。その分が左側にはみ出した１目盛り分のチョコのかけらであるから、差し引きはトントン、プラマイゼロだ。

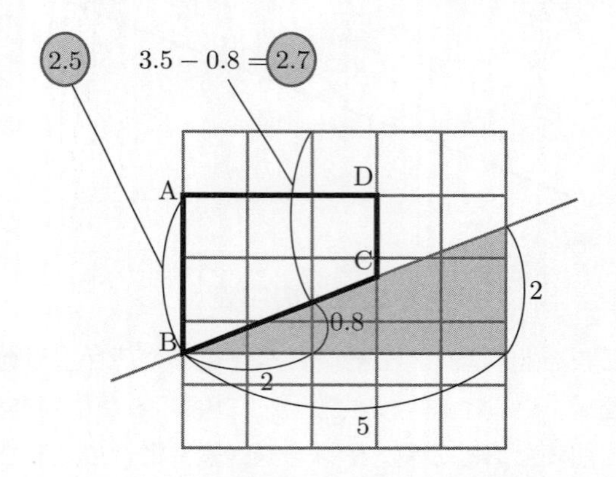

というわけで、**結局チョコは増えも減りもしていなかった。**チョコ無限増殖という“甘い”夢は、質量保存というビターな物理法則の前に砕(くだ)け散ることになったわけだ。

この原理を知ったうえで、あらためて元の画像を見てみると、じつは22ページの図の中でチョコの形をすり替えている（大きくしている）部分がある。それがどこなのか。ぜひ探してみてほしい。

ドラクエマップに秘められていた真実

『ドラゴンクエスト』と言えば、もはや日本では知らない人はいない超人気のゲームタイトルだ。

１作目が発売されたのは、僕が小学生のとき。グラフィックなど、今と比べればかなりお粗末なもので、主人公は常に正面を向いており、横に進むときはカニ歩きをしていたし、隣にいる人と話をするのにも、どちらの方向を向いて話すのかをコマンドで指示しなければならなかった。

シリーズ２作目で、このゲーム世界にひとつの革命が起こる。ゲームの中盤で「船」を手に入れることができ、１作目では「陸地」だけに限られていた行動範囲が「海」にまで広がったのだ。

それまでは世界の端(はし)であった海を移動できるとなれば、当然の好奇心として「では、この海を進んだ先、世界はどうなっているのか？」という疑問が出てくる。

恐れを抱きながら大西洋を西に進んだコロンブスのごとく、マップを左へ左へと進んで行く。

その結果は、あっさりしたものだった。マップの左側に達した船は、次の瞬間にはマップの右側に出現した。同じくマップの上側を越えた船は下側から出てきた。マップの左と右、上と下はつながっていたのだ。

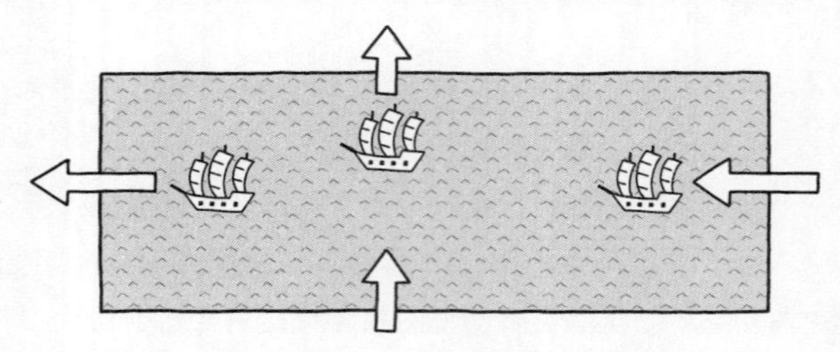

そもそも「端」なんてものはなかった。がっかり半分、納得半分。ようするに、**ドラクエ世界というのは、我々の住む地球と同じく、閉じた「球形」をしていた**わけだ。

それから10年が経った。ドラクエの世界が「球」であることにふと疑問を抱いたのは、大学の数学科で幾何学を学び始めた頃だ。僕はドラクエ世界の“不都合な真実”に気づいてしまったのである。

話を簡単にするために、ドラクエの世界がすべて海で、船でどこにでも移動できるものとしてみよう。地図のど真ん中からスタートし、まっすぐ左へ左へと進めば、いつか船は地図の右側から出てきて、再び最初の場所に帰ってくるだろう。

この世界を一周する経路を便宜上、ドラクエ世界の「赤道」と呼ぶことにしよう。当然、これは地球の「赤道」と対応するものだ。

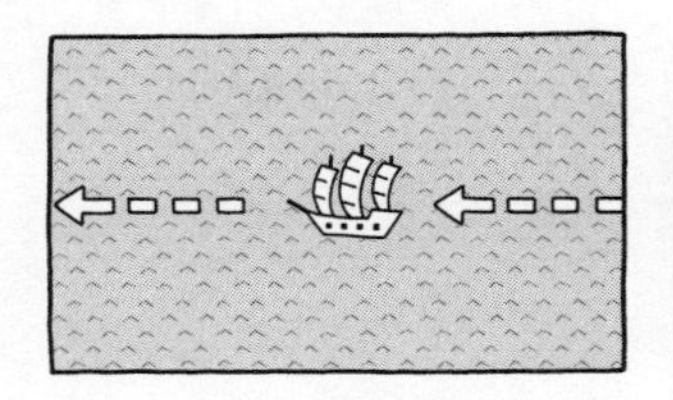

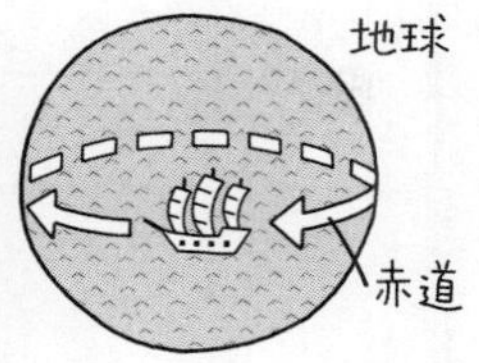

さて、地球は赤道によって北半球と南半球に分けられる。赤道は2つの半球の境界線であり、北半球にいる人間は赤道を横切らなければ南半球に行けないし、南半球にいる人間も赤道を横切らなければ北半球に行くことはできない。

赤道をはさむ位置に2つの地点A、Bをとると、A、Bはお互いに異なる半球に属することになり、**Aからスタートして Bに到達するには、途中で必ず「赤道」を横切らなければならない**ことを確認してみてほしい。

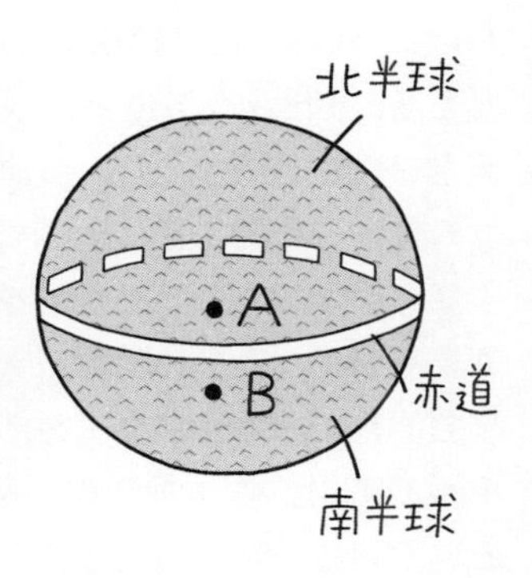

ところが、ドラクエ世界ではどうであろうか。先ほどのように赤道をはさんで２点Ａ、Ｂをとってみよう。この２つはお互いに異なる半球に属するはずなのに、Ａ点にいる人がまっすぐ上に向かって進めば、地図の上から下に移動し……Ｂ点にたどりつけてしまう。

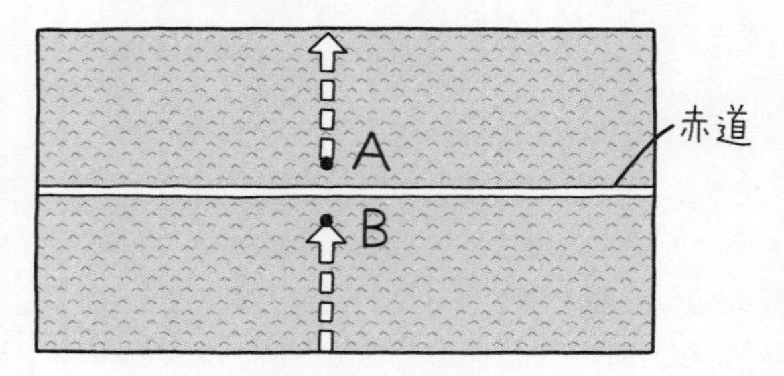

このとき、**赤道を横切っていない**ことに注目してほしい。こんなことは地球上ではけっして起こりえない。だから、「ドラクエ世界は球ではない」と考えざるをえないのである。

球に、いや急に話が面白くなってきた。では、ドラクエの世界はどのような形をしているのだろう。これもあくまで「理詰め」で考えてみよう。

長方形の紙を用意してみていただきたい。ドラクエマップでは、次ページの上図のように左端の３点Ａ、Ｂ、Ｃは右端の３点Ａ′、Ｂ′、Ｃ′に対応し、上端の３

点P、Q、Rは下端の3点P'、Q'、R'と対応する。

このそれぞれの点がくっつくように地図をのり付けする。地図は風船のような伸縮(しんしゅく)する素材でできているので、どんなに曲げても破れる心配はない。

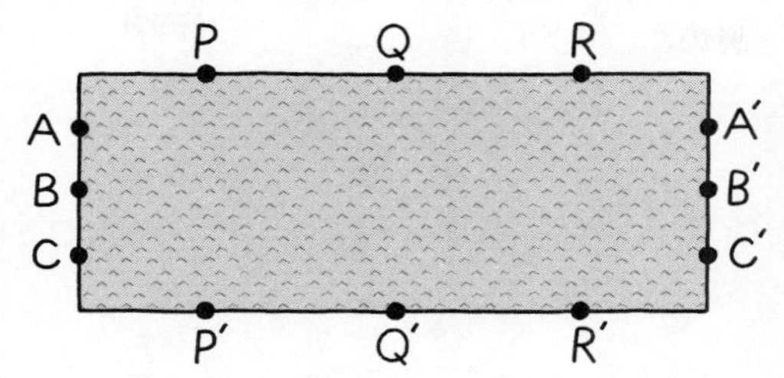

まずA、B、CとA'、B'、C'を合わせると、下の図のような円筒ができる。

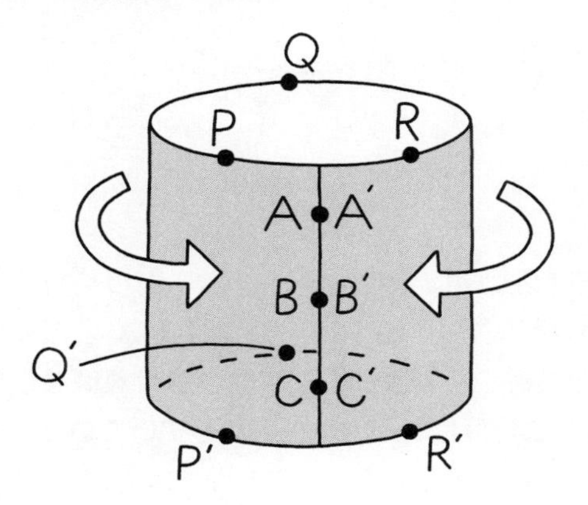

このとき、元の地図にあったP、Q、RとP′、Q′、R′は、それぞれ円筒の両端の円の上に並んでいる。

次に、この対応する３点を合わせてみよう。そのためには円筒を長細く伸ばしてぐにゃりと曲げ、その両端をくっつけてあげればよい。

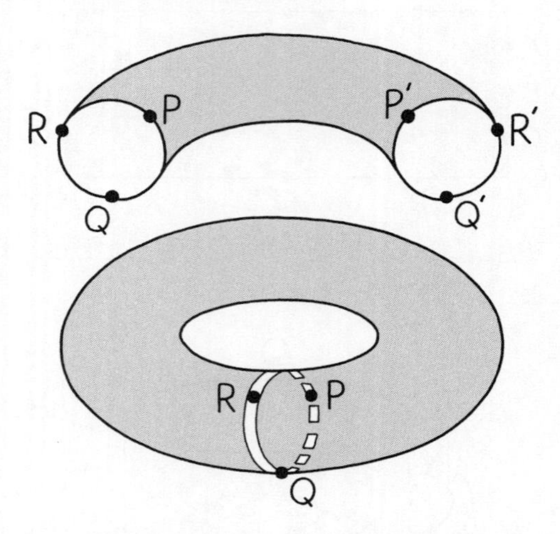

できた形状は、そう「ドーナツ」そっくりだ。「この世界が『球』である」と叫んだアリストテレスのごとく、僕はここで高らかに宣言しなければならない。**「ドラクエ世界はドーナツの形をしているのだ」**と。

もちろん、そんなことはにわかには信じがたい。でも、実際にそう考えれば、先ほどの“不都合な真実”もちゃんとつじつまが合う。

ドーナツ上の赤道をまたぐ位置にある2点であっても、ドーナツの穴をくぐるような経路をとれば、赤道を横切ることなく結ぶことができるのだ。

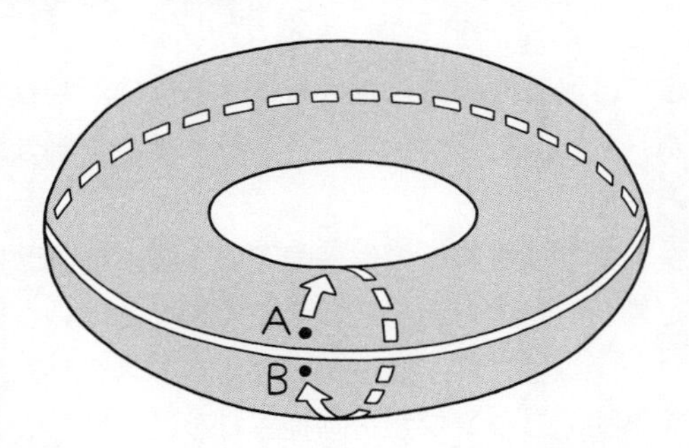

そうなると、いろいろと別の興味が出てくる。ドーナツ型の惑星では、穴の内側の住民が空を見上げれば、別の住人が上下逆（さか）さまで生活しているのが見えるのだろうか。昼と夜はどのように訪れるのだろうか。いや、そもそも重力はどう働くことになるのだろうか。

理系的な考察がファンタジー世界の奥行きを広げてくれるというのは、なかなか面白いものである。もちろん、制作者がそんなことまで意図してマップをつくったのかどうかはわからないけれども……。

パスポートのスタンプと「一筆書き」問題

パフォーマーという仕事柄(がら)、海外の国を回ることが多い。もちろん、どこの国も必ず「入国」と「出国」のときには審査を通過しなければならない。審査に通るとパスポートにスタンプが押され、それが審査合格の証(あかし)となる。

スタンプが押されるのは入国時に１回、出国時に１回。だから、日本から出発してある国を訪問し、日本に戻ってくれば、パスポートには日本のスタンプが２回、訪問国のスタンプが２回押されることになる。

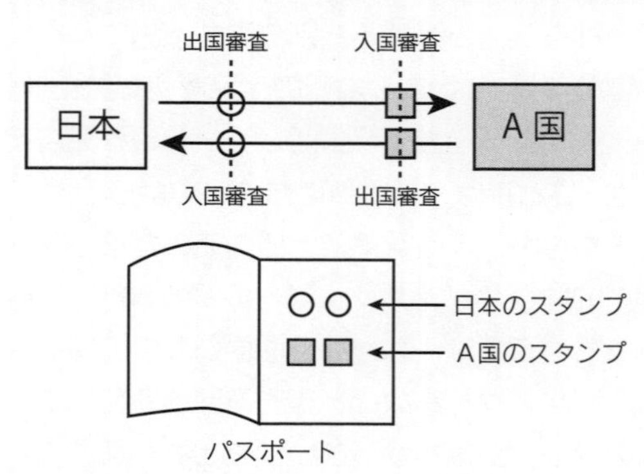

日本を出発して複数の国を訪問し、日本に帰ってきた場合はどうなるだろう。下の図は日本からスタートしてA、B、C、Dの４か国を番号の順にめぐり、日本に帰ってきたことを表す経路図である。このとき各国でパスポートに押されるスタンプ数は、それぞれ何個になるかを考えてみよう。

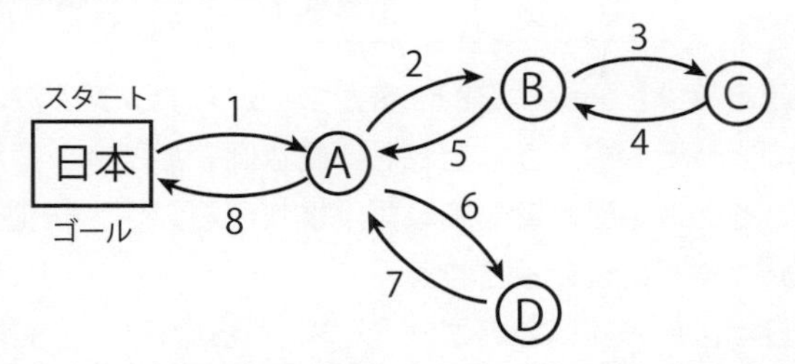

これを知る簡単な方法は「各国に出入りする矢印の本数」を数えることだ。スタンプは国に「入るとき」と「出るとき」に押されるのだから、その国に出入りする矢印の本数は、その国で押されるスタンプの数と一致する。

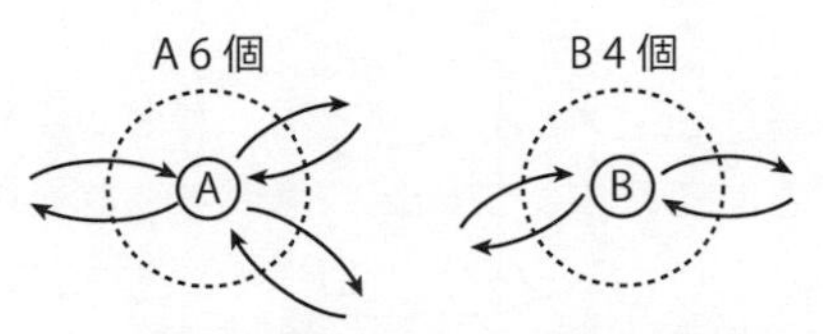

スタンプの個数は出入りする矢印の総数

実際に数えると、日本は２個、Ａ国は６個、Ｂ国は４個、Ｃ国は２個、Ｄ国は２個となる。

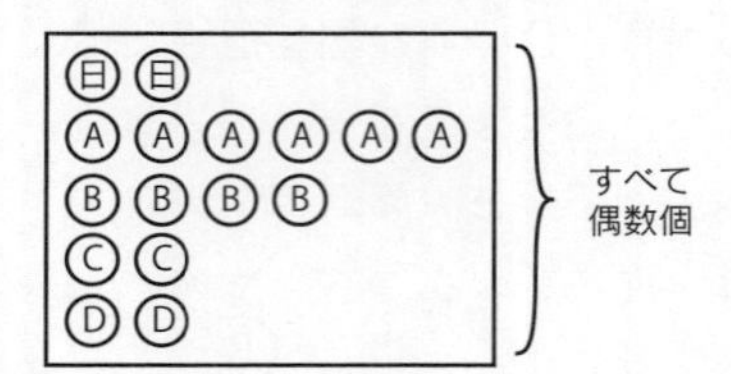

ここで少し面白いことに気がつく。スタンプの数は国によって異なるが、どれも**「偶数個」**だということだ。その理由はとても簡単だ。まず「入国」と「出国」は必ず交互にくり返される。

日本以外のすべての国は「入国」から始まり、「出国」で終わる。日本はその逆に「出国」から始まり、「入国」で終わる。

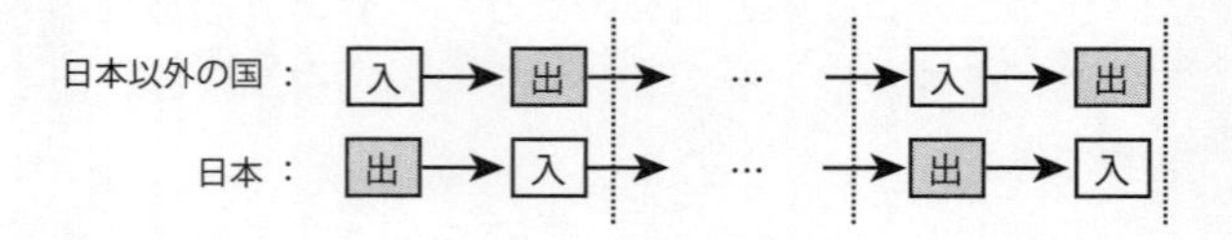

いずれにせよ「入国」と「出国」が２つ１組になるので、押されるスタンプの総数は偶数となるのだ。

さて、ここではスタートとゴールがともに日本であるような「周遊旅行」を考えたが、スタートとゴールが異なる場合はどうなるかも考えてみよう。

次の経路図は、日本から出ていくつかの国を回り、最終的にA国にたどり着いた例だ。

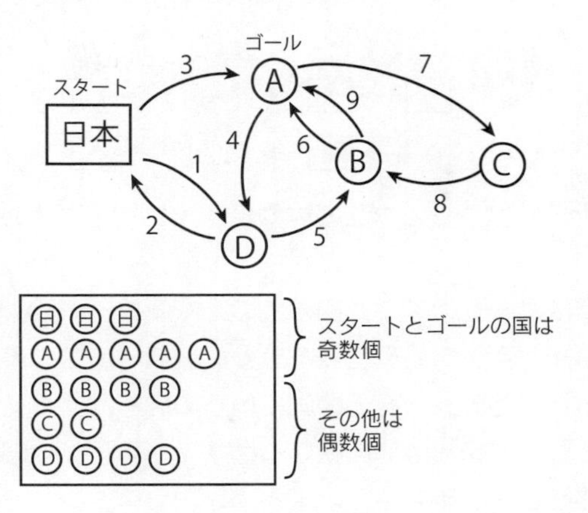

スタンプの数をチェックすると、スタートとゴールの国は「奇数」になり、それ以外の国では「偶数」になっている。

その理由も、先ほどと同じように説明できる。スタートの国は「出国」から始まり「出国」で終わる。ゴールの国では「入国」から始まり「入国」で終わる。「入国」と「出国」を2つ1組にしていった場合、最後の1つが余るのでスタンプの総数は奇数である。

それ以外の国では、先の場合と同様に、「入国」から始まり「出国」で終わるのでスタンプの総数は偶数である。

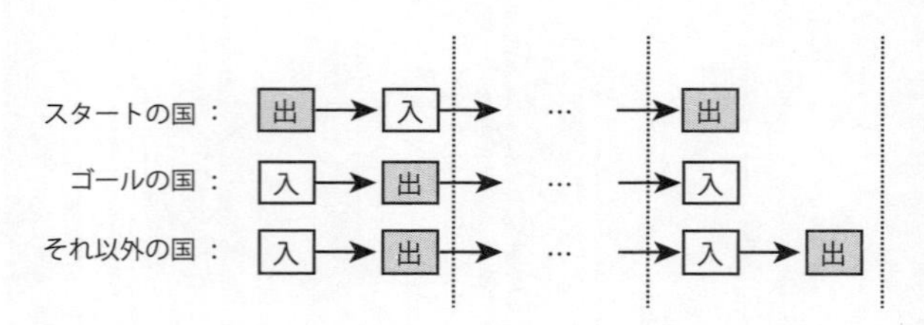

パスポートのスタンプの数の「偶奇（ぐうき）」を見ることは、その人が適正な旅行者かどうかの判断材料になる。

もし、その人が自分の国にいるのなら、すべての国のスタンプの数は偶数になるはずであるし、自国以外に滞在しているなら、自国と滞在国のスタンプの数は奇数で、それ以外の国では偶数でなければならない。

ということは、スタンプの数が奇数個の国が３か国以上あるパスポートを持っていたとするなら、「その人はどこかで何らかの不正な出入国を行なった」可能性があるということになるわけだ。

さて、この「スタンプの偶奇性」の話は、じつは「一筆書き」の数理と深く結びついてくる。

一筆書きというのはペン先を紙に置いたら、それを一度も紙から離さずにある図形を描くことをいう。線が交差するのは構わないが、同じ線をなぞるのは禁止。

たとえば、下の図形は一筆書きが可能なものである。

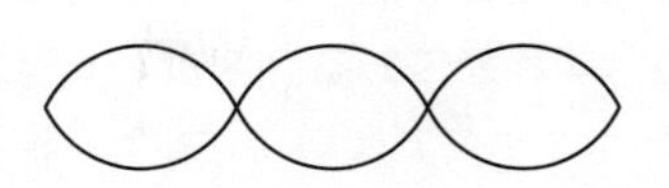
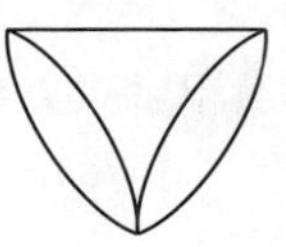

お気づきのとおり、一筆書きで図を描くというのは、いくつかの国を経由してどこかの国に到達する経路図を描くことと同じなのだ。

下の図は「Aからスタートして A、B、C、Dの4つの国を経由してAに戻ってくる」経路図と、「Aからスタートして A、B、Cの3つの国を経由してCに到達する」経路図に相当する。吹き出しの中の数字は「その点に集まる線の本数」だが、それは、その国でもらえるスタンプの数にほかならない。

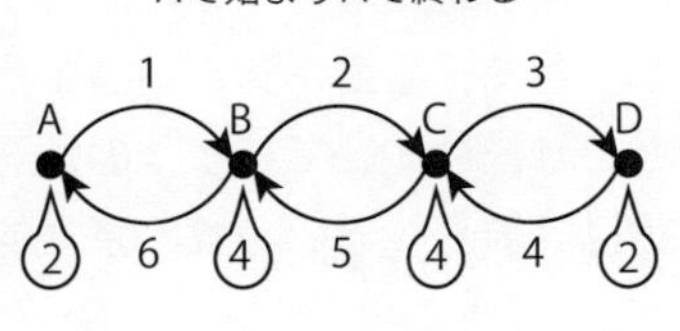

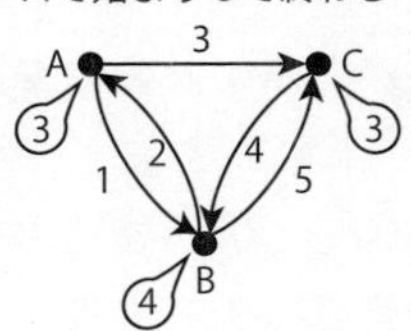

このことを先ほどの事実に照らし合わせると、こんなことがわかる。

一筆書きできる図形においては**「各点に集まる線の本数」は「すべて偶数」であるか「２つ奇数で、残りは偶数」であるかのいずれかである。**スタートとゴールが同じ場所のときは「すべて偶数」、スタートとゴールが異なるときはその２点が「奇数」、残りの点が「偶数」になる。たとえば、下の図のような図形はけっして一筆書きではできない。

もし、できると仮定すると、この経路図を旅した旅行者はA、B、C、Dの４つの国で奇数個のスタンプをもらったことになるが、そんなことは起こりえないからである。

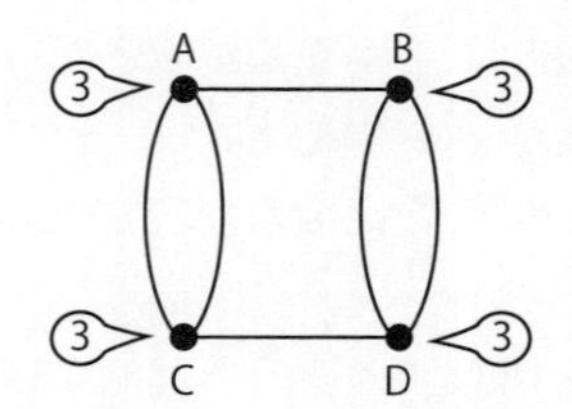

「パスポートのスタンプ」と「一筆書き」というまったく関係のなさそうなものが結びついてしまうのは面白い。その背後にあるのは「偶奇」という数の基本的な性質なのである。

ランニングとラジオとカクテルと

「ランニング」と「ラジオ」が僕の趣味になってからかなり長い。「録音しておいたラジオをランニング中に聞く」わけなのだが、録音を聞きながら散歩やランニングをしたことがある人であれば、おそらく共有できる感覚がある。

同じ放送を別の機会に聞き直したとき、以前それを聞いたときの記憶が鮮明(せんめい)に頭によみがえってくるのだ。放送が進むにつれて、「自分はここの交差点まできた」とか「このコンビニで何を買おうか悩んでいる」といった、到底覚えているとは思えないような記憶のディテールが呼び起こされる。

音声にヒモ付けされた記憶が次つぎに引っ張りだされているような、何とも不思議な気持ちになるのだ。たまにこれを味わいたいというだけの理由で、何年も前の放送を聞き直すことがある。

以前、過去の放送を聞きながらランニングをしていたときにこんなことがあった。たまたまDJが口にしたあるセリフから、過去にそれを聞いた場所の記憶がよみがえってきた。それは、まさに今自分がいる地点とまったく同じだったのである。なんという奇跡的な偶然であろうか。

しかし、さらによく考えてみて、こんなことに気がついた。

「同じラジオの同じ部分を聞いているときに、同じ場所に立っている」ということは奇跡的に見えるけれど、じつは僕のケースにおいては「確実に起こる」ことではないのだろうか、と。

僕のランニングコースはいつも同じ道を行って帰ってくる経路である。

仮にそのラジオの同じ部分を再生して走っている「過去の自分」が薄ぼんやりと透(す)けて見えたとしよう。レースゲームで言うところの「ゴースト」である。

そのゴーストは自分の前を走っているかもしれないし、後ろから追いかけてきているかもしれない。

どちらにせよ、**リアルな自分とゴーストが同じ折り返しコースを走っていれば、その２人はどこかで必ず「すれ違う」**であろう。

そのすれ違うときこそ「同じラジオの同じ部分を聞いているときに、同じ場所に立っている」瞬間にほかならない。

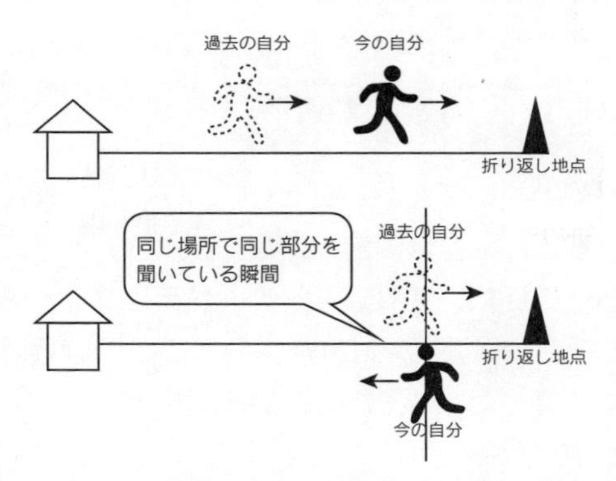

これは「コースを折り返し地点で鏡に映したように
まっすぐに伸ばした」と考えるとわかりやすい。
「リアル」の自分は、家Aから家A′の方向に走り、「ゴースト」は家A′から家Aのほうに向かって走っていると見なせば、この2人がどこかですれ違うのはより明白になる。

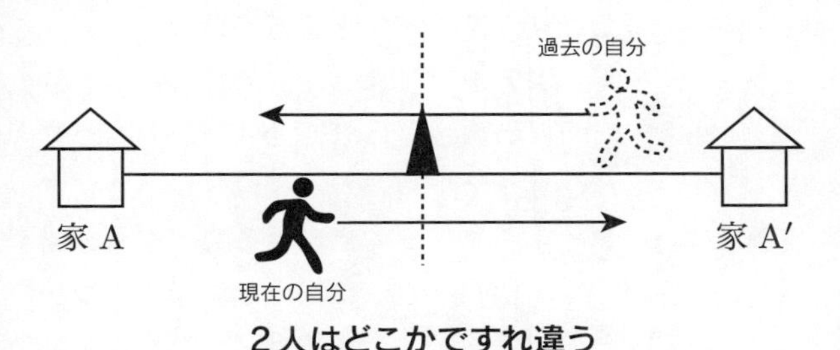

2人はどこかですれ違う

「同じ道を向かい合って進む２人はどこかですれ違う」という当たり前の理屈は、数学では**「中間値の定理」**と呼ばれる。

よりていねいな言い方をすれば、一本道を進んでいて、あるときに自分の前にいた人が、別のときには自分の後ろにいたとすれば、その人がテレポーテーションをしていない限り、「中間」のどこかで自分はその人とすれ違ったはずであるという理屈だ。

すれ違ったことは間違いないが、いつ、どこですれ違ったかについては何もわからないという典型的な「存在定理」のひとつである。

「中間値の定理」といえば、昔数学科の友人がこんなことを言っていたのを思い出す。カクテルドリンクの中には濃さが均一(きんいつ)でないものがある。比重の違いからか、下のほうほど濃く、上のほうほど薄い。ふつうはそのつどかき混ぜながら飲むわけだが、彼は**「いっさいかき混ぜることなく、常に均一な濃度のカクテルを飲むことは可能**

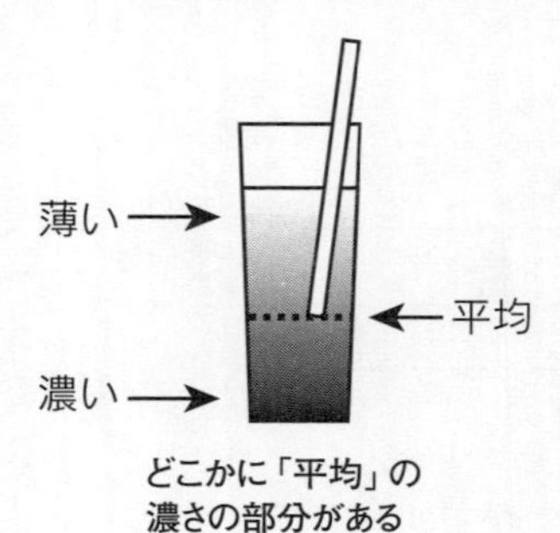

どこかに「平均」の
濃さの部分がある

だ」と主張した。

やり方はこうである。カクテルの濃度はグラスの上から下にかけてグラデーションをつけて徐々に濃くなっているはずだ。

そうであれば「中間値の定理」により、その間のどこかにちょうど「平均の濃度」になる高さが存在する。その部分にストローの先を入れて、少し飲む。

飲んだことによって濃度の分布は変化するが、それでもどこかに「平均の濃度」になる高さが存在するから、そこにストローの先を移動させてまた少し飲む。

このように、**少し飲むたびにストローの高さを微調整していけば、最後の一滴まで「平均の濃度」のままカクテルを飲み終えることができる**のである。

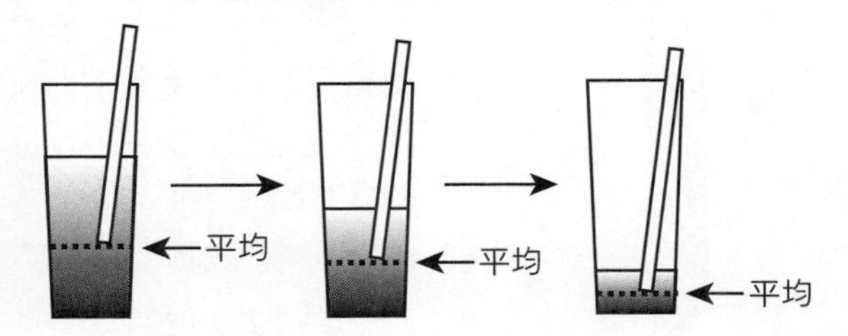

僕は、彼の理屈は完全に正しいと思った。ただその努力をするなら、かき混ぜたほうが早いのではないかということは言わないでおいた。

エスカレーターの「片側空けルール」は有効?

どこにも明文化されていないのだけれども、確かに存在しているルールというものがある。
「エスカレーターを歩いて昇る人のために片側を空けておく」というのも、そういう暗黙(あんもく)のルールのひとつだ。
もちろん、鉄道会社はそんなルールを設定しているわけではないし、むしろ、**エスカレーターを歩いて昇ることは事故の危険があるとして、原則禁止**を呼びかけているところも多い。

ラッシュ時の駅のエスカレーターでよく見られる光景

にもかかわらず、歩く側のレーンに立ち止まっていると「空気が読めてないなぁ」という周囲の冷たい視線が気になってしまうものだ。とくに混雑時などに、歩いて昇る側のレーンがガラガラなのにもかかわらず、立ち止まる側だけに長い行列が伸びてしまっている光景をよく目にする。

「あれ？　これでは、かえって利便性が損なわれているのでは？」と、首をひねってしまうことも多々（たた）あるのである。

さて、ここではエスカレーターを歩いて昇ることの「危険性」という話はいったん置いておいて、あくまで「輸送効率」という観点から「エスカレーターの片側を空けることは万人の利益にかなうのか」ということを検証してみよう。

話を簡単にするために、1つのエスカレーターに2つのレーンがあるのではなく、下図のように、1レーンのエスカレーターが2つあると考えてみたい。

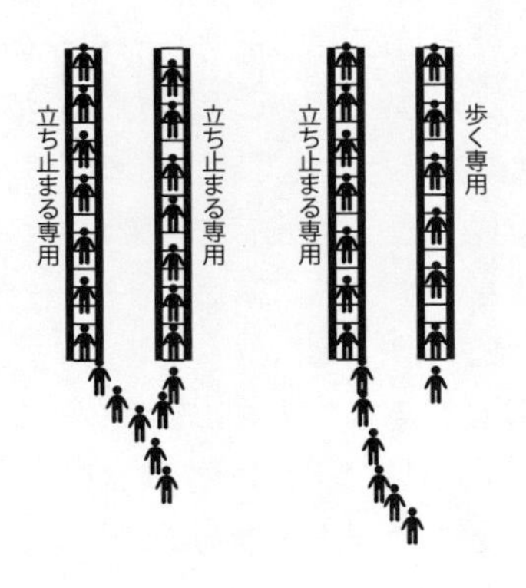

ここでの問題は、２つのエスカレーターを「両方とも立ち止まる専用にする」のと、「１つを歩く専用、１つを立ち止まる専用にする」のとでは、どちらがより輸送効率が高くなるかだ。

まず、エスカレーターを歩いて昇るのは、立ち止まっているのに比べて、どれくらい速くなるものなのか。

我が家の近くにある地下鉄の駅で、ストップウォッチで測ってみた。エスカレーターの長さは標準的なものである。すると、エスカレーターに乗る一歩を踏み出してから下りる一歩を踏み出すまでの時間は、

立ち止まっていた場合→23.3秒
歩いた場合→11.1秒

となった。この数字はエスカレーターの長さや歩くスピードで変わるだろうが、だいたい、**歩いたほうが「２倍速く進める」**と考えてよさそうだ。

ここで大胆な「置き換え」をしてみよう。駅を「タンク」に、人を「水」に、エスカレーターを「排水口」と見なすのだ。

つまり、駅に到着した人をエスカレーターで外に送り出すというのは「タンクの水を排水口から外に出す」ことと同じ、という見方をするのである。

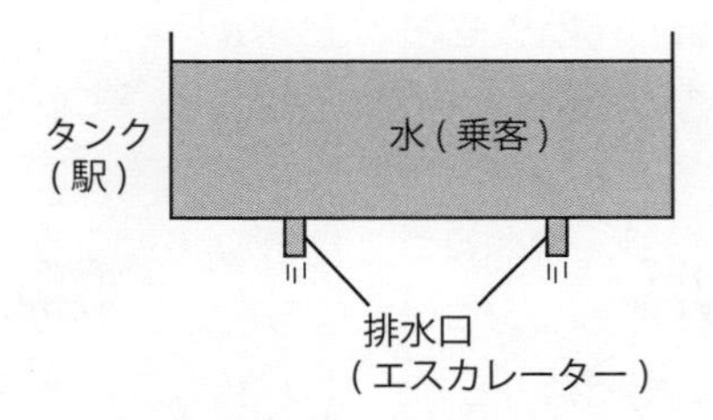

このような考え方を**「モデル化」**という。適切なモデル化は、物事を単純に、わかりやすく捉えるのに役立つ。

「立ち止まる専用」のエスカレーターを「排水口(小)」、「歩く専用」のエスカレーターを「排水口(大)」としてみよう。先ほどの実験結果から**「排水口(大)」は「排水口(小)」の2倍の排水能力を持っている**としてよい。

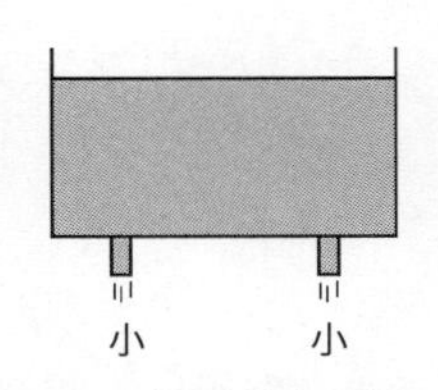

2つとも「立ち止まる専用」にするモデル

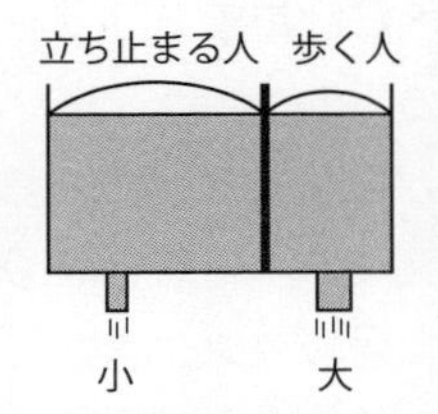

「立ち止まる専用」と「歩く専用」を併用するモデル

2つのエスカレーターをともに「立ち止まる専用」にするのは、1つのタンクに2つの「排水口(小)」

がついているというモデルになる。
「立ち止まる専用」と「歩く専用」の２つのエスカレーターをつくるというのは、タンクが仕切りによって分かれており、片側には「排水口（小）」が、片側には「排水口（大）」がついているというモデルになる。

仕切りの場所は「立ち止まりたい人」「歩きたい人」の人数比がどのくらいかによって決まる。ここでは感覚的に「立ち止まりたい人」は「歩きたい人」の２倍くらいいるとして、この比を２：１としてみよう。

では、この２つのタンクで、どちらがすばやくすべての水を排水できるかを試してみたい。計算できるようにするため、タンクの水の量を120リットル、「排水口（小）」の排水量が毎秒１リットル、「排水口（大）」の排水量は毎秒２リットルと設定してみる。

１つ目のタンクでは、毎秒１リットル排水できる排水口が２つあるので、排水量は毎秒２リットル。120リットルの水であれば60秒ですべて排水できる。

２つ目のタンクではどうだろう。タンクの分割比は２：１なので、左側には80リットル、右側には40リットルの水がある。左側の排水量は毎秒１リットル、右側は毎秒２リットルだから、排水を始めると20秒後に右側のタンクだけが空になる。このとき、左側のタンクにはまだ60リットルの水が残っている状態だ。

このあと、左側の排水口だけで排水することになるので、これをすべて排水するまでの時間は60秒。最初の20秒と合わせて、合計80秒になる。

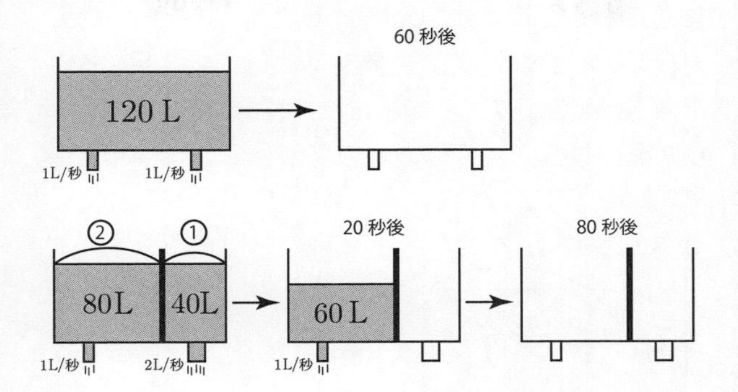

なんと1つ目のタンクよりも20秒も余分に時間がかかってしまった。右のタンクが空になって以降は、大きな排水口が使われずに無駄になってしまうので、結果的に排水効率が悪くなってしまうわけである。

つまり、このシミュレーションにおいては**「エスカレーターは2つのレーンとも『立ち止まる専用』にしたほうが、輸送効率が高くなる」**ということが示されたのである。

もちろん、この単純なシミュレーションだけで「エスカレーターの片側を空けることはやめたほうがいい」と主張するのは、やや乱暴かもしれない。

上記のシミュレーションでは「立ち止まりたい人」「歩きたい人」の人数比を２：１と設定したが、これを逆に１：２（「歩きたい人」のほうが「立ち止まりたい人」より２倍多い状況）と設定すれば、２つ目のタンクの水は40秒ですべて排水され、排水効率は１つ目よりも高くなる。

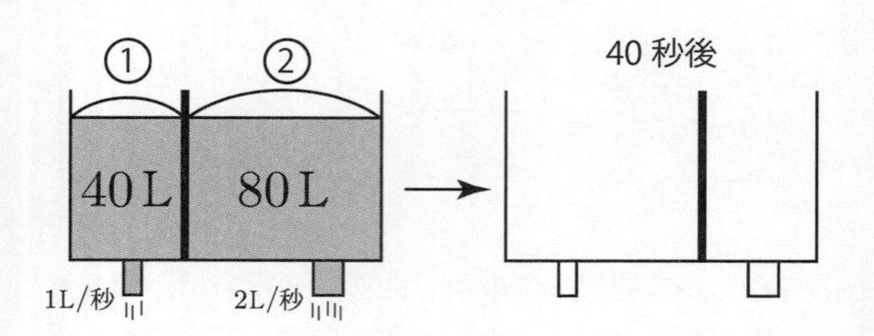

また、「１秒を争う」ような緊急事態の中にいる人にとっては、数秒の遅れが大問題になるかもしれないし、逆にまったく急いでいない人にとっては、１分や２分の違いは大差ないと捉えられるかもしれない。

その２つが混在するような状況では、たとえガラガラのときが多くても、１つのレーンを空けておくことは理にかなっているのだ。

こんな所にも数学のはなし

町のすべての橋を「1回ずつ」渡れ！

かつての東プロイセンの首都ケーニヒスベルクという街は、川によって陸地が４つに隔（へだ）てられており、そこには７つの橋が架けられていた。

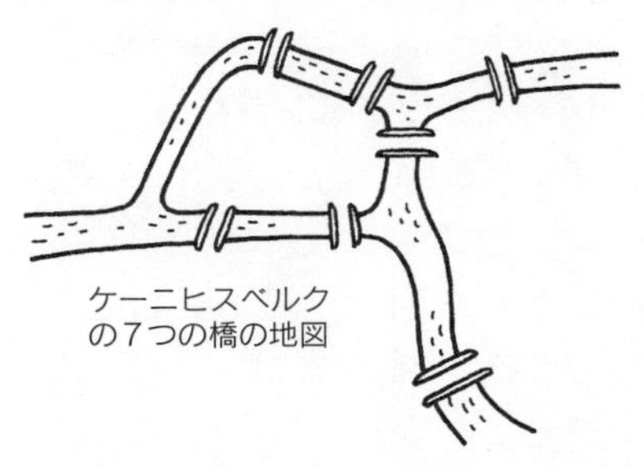

ケーニヒスベルクの７つの橋の地図

さて、この７つの橋を「同じ橋を２回以上使わずに渡る」ことは果たして可能だろうか。確認してみよう。

川に隔てられた４つの陸地をA、B、C、Dと名付けてみる。橋は、ある陸地とある陸地をつないでいる。そのつながり方だけに注目すれば、**陸地は「点」に、そして橋はその点を結ぶ「線」に置き換えられる。**それが次ページの図だ。

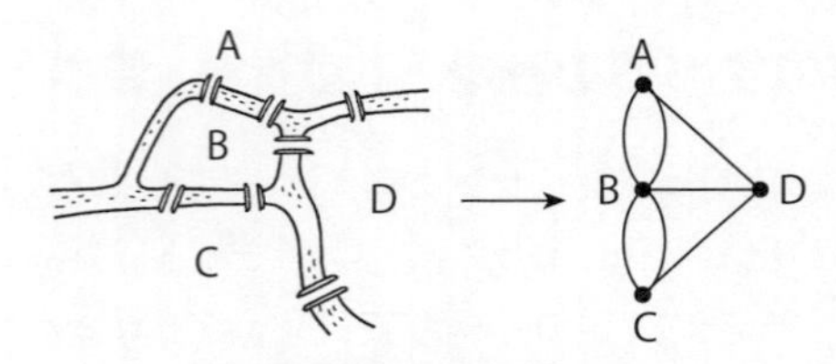

陸地は点に、橋は線に置き換える

勘のいい方はもうお気づきだろう。「すべての橋を1回ずつ渡る」というのは、この図を**「一筆書きする」**ことにほかならないのである。34ページの「一筆書き問題」で説明したことが、ここでつながってくる。この図には「各点に集まる線の数」が「奇数個」となる点が4つもある。

一筆書きが可能な図形には、そのような点はせいぜい2個しかないはずだから、この図形は一筆書きできない。したがって、すべての橋を1回ずつ渡るコースも存在しないのである。

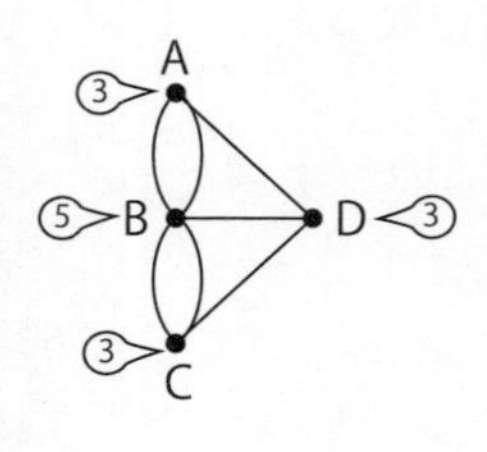

2章

人生で必ずや役立つ数学のはなし

日常の中に存在しているアルゴリズム

「アルゴリズム」……何ともオリエンタルな響きを持つ言葉だが、世界のどこかにあるユートピアの名前でもPerfumeの新曲のタイトルでもない。**「アルゴリズム」とは「ある目的を達成するための一連の手続き」**のことを意味する。あとで説明する「条件分岐（ぶんき）」や「くり返し」「終了条件」などを含んでいる「複雑化したルーティン」と見ることができるだろう。

「条件分岐」というのは、ある「条件」が成り立っているかいないかによって、その後の行動が変化するということだ。

たとえば、ふだんは自転車通学をしているが、雨の日はバスを利用するのでいつもより10分早く家を出ないといけない、という人がいるとしよう。

朝７時に目覚まし時計が鳴って目を覚ましたあと、もし雨の音が聞こえなければ、あと10分は寝ていられる。

しかし、雨が降っていたら、すぐに起き上がって家を出る準備をしなければいけない。「雨が降っている」

という条件が成り立っているかいないかによって行動が変わる、これが「条件分岐」だ。

これをチャートで書くと次のようになる。

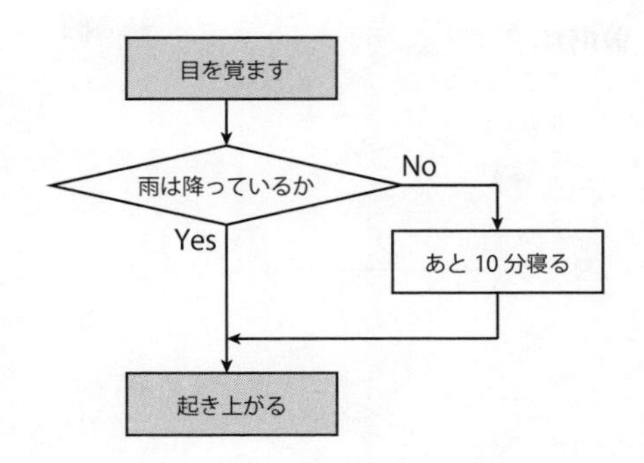

「くり返し」というのは、同じことを何度もくり返すような手順のことだ。新聞配達の業務の中に「チラシの挟(はさ)み込み」という仕事がある。自分の正面に新聞、右側にその日のチラシを置く。左手で新聞を開き、右手でチラシを挟み込み、挟み込んだ新聞を左側に送る。これをくり返していくのだ。

しかし、このアルゴリズムはまだ不完全だ。この作業を「いつ終わらせるか」が書かれていないからである。この、くり返しを終わらせるための条件を**「終了**

条件」という。「終了条件」がないと「くり返し」は無限に行なわれることになる。

この例の「くり返し」は「新聞かチラシのどちらかがなくなった」ときには終わるのだから、その条件をチャートに加えておこう。

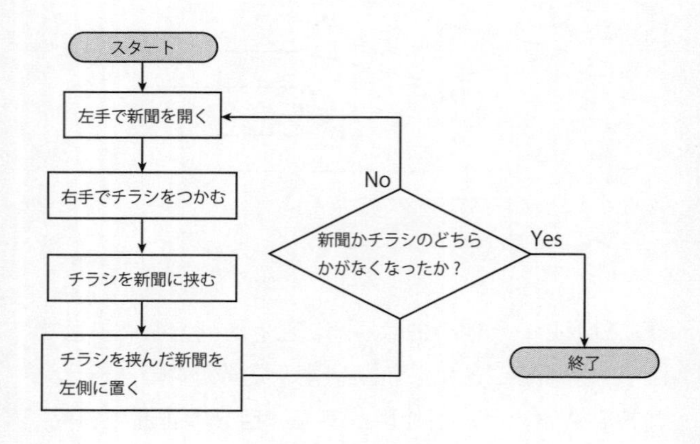

「条件分岐を含むくり返し」というものも見ておこう。ビジネスマンであれば、朝出勤してメールを開くと、何十通もの未読メールが届いていることが珍しくないだろう。

そのメールを１通ずつ見ながら、迷惑メールなら削除、すぐに返信するメールであれば返信、急ぎでないものは保留という仕分け作業をすることになる。この作業をアルゴリズムにすると下の図のようになる。

いわゆる「仕事ができる人」というのは、無意識のうちに自分のすべき作業を「アルゴリズム化」していることが多い。

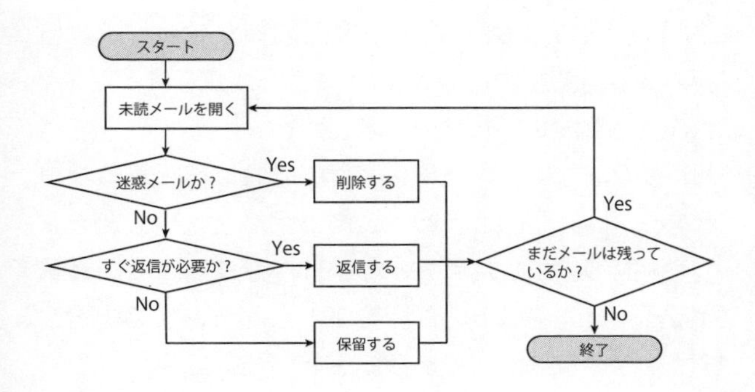

アルゴリズムというのは、**シンプルな状況判断をくり返して目的の事柄（ことがら）を達成するための手順**であるから、ある意味「思考の節約」につながる。

日常作業をアルゴリズム化するというのは「なるべく頭を使わなくてすむように」するための工夫なのである。

大美術館の展示すべてを効率よく鑑賞する方法

美術館が苦手である。

こう書くと、あの咳払(せきばら)いひとつも響きわたってしまうような静謐(せいひつ)な空間とか、奇っ怪なオブジェを見ても「なるほど」とわかったような顔で頷(うなず)かなければならない謎の同調圧力とか、そういうのが嫌なんでしょ、と思われるかもしれない。

そうではない。さらに言えば、これは美術館の問題ですらない。原因は僕の、とある困った性格にある。

美術館のようなたくさんの小部屋が連(つら)なっている場所に行くと「すべての部屋を１つも漏(も)らさずに訪問しなければならない」という勝手な義務感に駆(か)られてしまうのである。通り過ぎた部屋はないか、見落とした通路はないか、それが気になると美術品鑑賞どころではなくなってしまう。

この癖(くせ)は子供の頃から好きだったコンピュータゲームのダンジョン探索に由来しているとみて間違いない。ゲームの中で、主人公である僕はダンジョン（地下迷宮）に入る。その最奥で待ち構えるボスを倒し、世界を平和にすることが目的だ。

一方でダンジョンのあらゆる場所には宝箱も配置されている。その中にはお金や貴重なアイテムがある。取り逃（のが）すとまた取りに戻ってくるのもひと苦労だ。

ここで不思議な逆転現象が起こる。ダンジョン探索では「ボス部屋にたどり着くこと」よりも、むしろ「すべての部屋を訪れること」が優先事項となるのである。

たとえば道が２つに分かれていて、そのうち１つを選んで進むとしよう。その行き先が「Ａ：行き止まり」であることと、「Ｂ：先に道がある」ことはどちらが望ましいか。

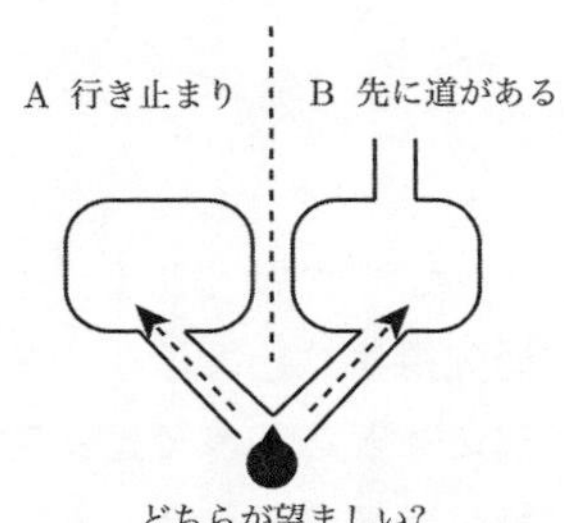

どちらが望ましい?

ほとんどの人はＢのほうが望ましいと感じるだろう。だが僕の答えはまったく逆。Ａ、つまり「行き止まり」であることがはるかに安心できるのである。なぜ、そうなのか。それを**「全探索アルゴリズム」**の観点から説明してみよう。

たとえば、下図のようないくつかの部屋が通路で結ばれているダンジョンがある。地図を持たない探索者はどんなアルゴリズム（手続き）にしたがって進めば、**すべての部屋を漏れなく訪問できる**だろうか。

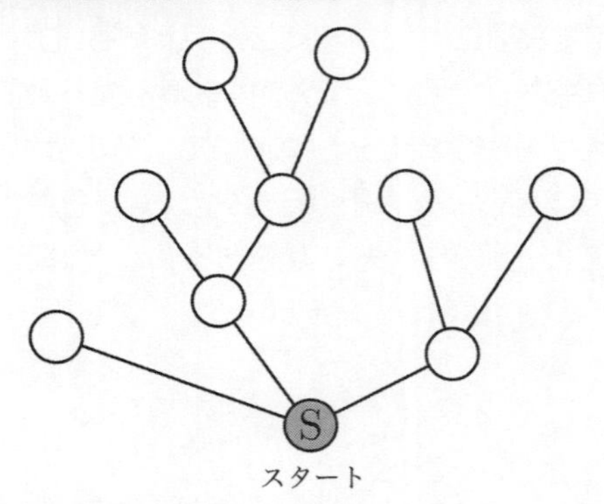

これには大きく２つの方針がある。

１つが**「深さ優先探索」**と呼ばれるものである。これは**「とにかく進めるところまで進んでみて、行けなくなったら１つ前の分岐（ぶんき）まで戻る」**という方針だ。さらに分岐が複数ある場合は**「右側を優先する」**という規則を決めておく。

実際にこの方針にしたがって探索をしてみよう。まずＳからスタートして右側の分岐を進めるだけ進む。

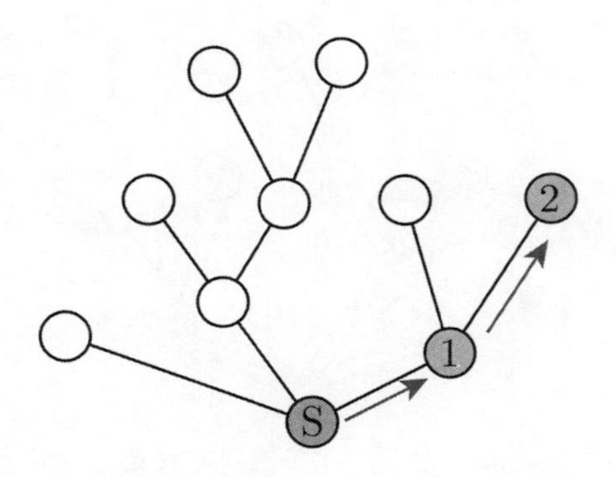

行き止まったら1つ前に戻り、もしまだ進んでいない分岐があれば、そこを（進めるだけ）進む。

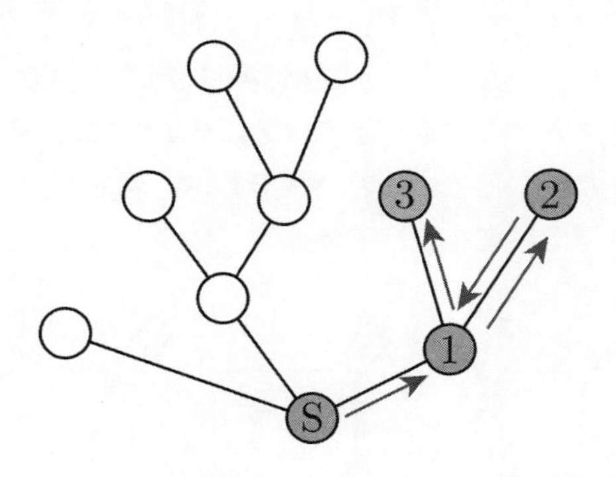

これをくり返す。このアルゴリズムにしたがうと、次の順番ですべての部屋を訪れることができる。

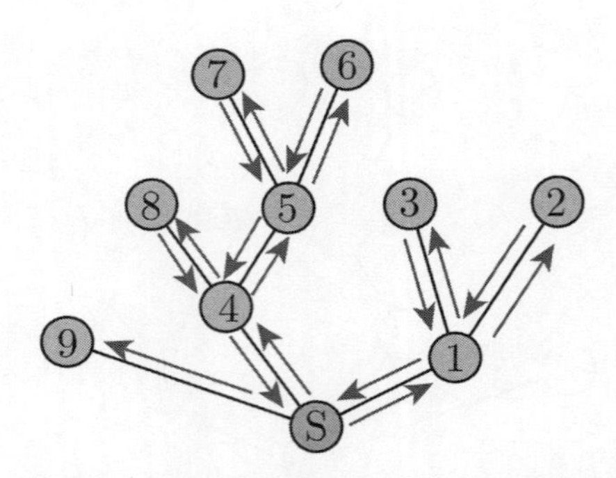

アルゴリズムの役割の１つは「考えるべきことを減らす」ことだ。その点でこのアルゴリズムはとても優秀だ。

探索者の立場にたてば、覚えておくべきことは**「ある部屋に入ったとき、反時計回りに部屋を見渡し、最初に目に入った分岐に進む（分岐がなければ引き返す）」**というだけのこと。これさえ守れば、何も考えなくともすべての部屋を訪問できる。

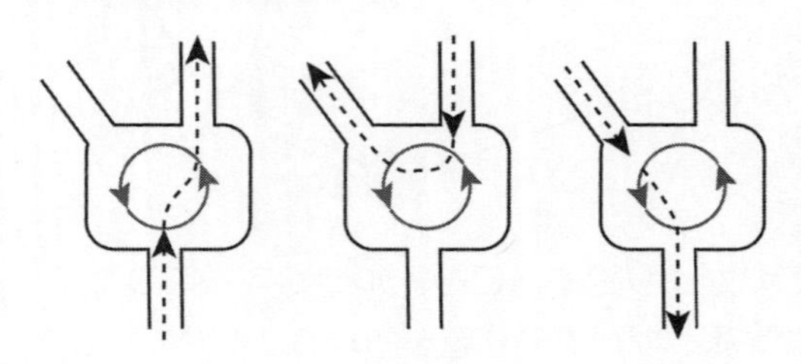

ただ、これをゲームにおけるダンジョン探索に適用する場合には致命的な欠点がある。前ページ上の図を見直してみると、スタート地点からすぐそばにある部屋の探索が最奥の部屋よりも後回しになっていることに気がつく。

深さ優先においては文字どおり「奥に行く」ことが優先されるため、このようなことが起こりがちなのだ。

そしてゲームにおいてこれは何を意味するか。「探索が終わる前にボス部屋にたどり着く」という最悪の悲劇だ。

「はっはっはっ、よくこの部屋までたどり着けたな、私が……」

と意気揚々(いきようよう)と口上を述べるボス。「今じゃない」感をビンビンに出しながら、死んだ目でそれを見つめる主人公。お互いにとって不幸でしかない。

そこで登場するのがもう１つの方針。**幅優先探索**である。

こちらはひと言でいえば「スタート地点に近い部屋から順に探索する」という方針だ。最初の部屋Ｓを「深さ０」とする。次に「深さ０」から訪れることができるすべての部屋を訪問する（次ページ図の①、②、③）。これらが「深さ１」の部屋となる。

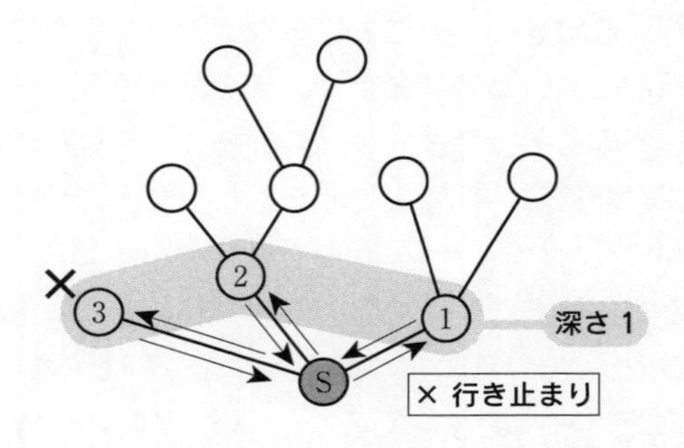

次に「深さ１」の部屋から訪れることができる部屋に訪問する。

③の部屋はすでに行き止まりであることがわかっているので、①、②の部屋の先を調べればよい。これで「深さ２」の部屋（④、⑤、⑥、⑦）が決まる。

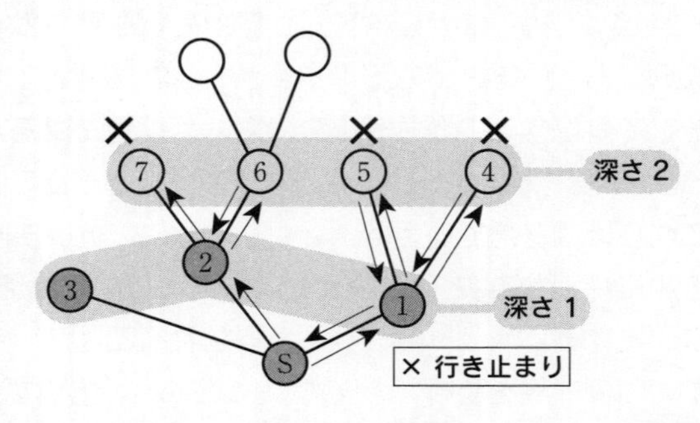

次に「深さ２」の部屋から訪れることができる部屋

に訪問する。④、⑤、⑦の部屋は行き止まりであることはすでにわかっているので、⑥の部屋から先を調べればいい。これで「深さ3」の部屋（⑧、⑨）が決まる。

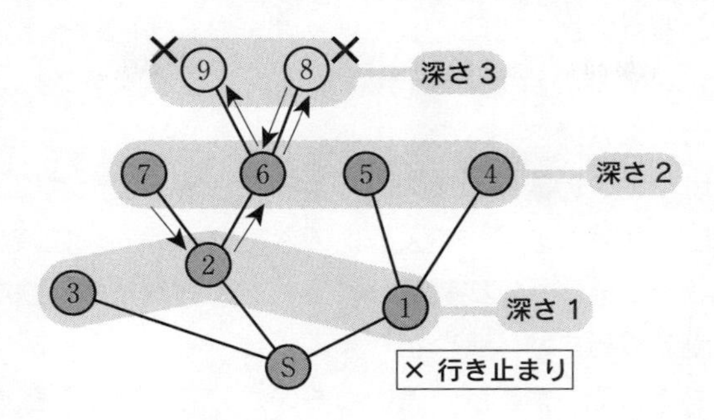

⑧、⑨の部屋はすべて行き止まりなので、これで探索は終了である。幅優先探索は、取りこぼしがないようにしながら少しずつ深くに進んでいくというスタイルなので、ゲームにおけるダンジョン探索にはとても相性がいい。僕がとる方針も基本的にはこれである。

ただ、このやり方にも欠点がある。覚えるべきことがほぼなかった深さ優先探索とは対照的に、幅優先探索では「どの部屋を訪れたか」「その先に道があったか」という情報を記憶しておく必要があることだ。

いわば脳の「メモリーを食う」のである。記憶するべき部屋が増えれば増えるほど、脳にとってはストレスになる。
　そこで重要になるのが「行き止まり」だ。訪れた部屋が行き止まりなら、その部屋はもう頭にとどめておく必要はないので脳のメモリーが１つ解放される。ストレスからの解放。「行き止まり」に安心感を覚えるメカニズムはこれなのである。
　思うに人の脳というのは、負荷（ふか）から解き放たれるときに「快感」を感じるようにできているのではないだろうか。その快感に魅（み）せられると、人はみずから進んで脳に負荷をかけようとする。
　かくして“探索脳”というものができあがり、美術館のような場所でそれが発動する。順路から外れたところに小さな展示室があれば必ず覗（のぞ）き、細い抜け道のようなところがあれば、必ず進んでみてトイレや非常口に行き当たることに安心しなければならない。
　僕にとって自分史上最強の美術館ダンジョンはパリの「ルーヴル美術館」であった。何百という部屋が複数のフロア、複数の館にわたっている。一日がかりで歩き回り、脳のリソースの大半が「全探索」に持っていかれた。
　最終的に僕の頭の中に刻まれたのはモナリザでもサモトラケのニケでもなく、美術館の見取り図であった。

ちりも積もれば…本当に山になる?

自動車や電話、音楽プレイヤーのように日進月歩の技術革新でどんどん形状を変えているものがある一方で、傘のように何百年もほとんど形が変わらずに使われ続けているものもある。シンプルだが完成された形というのは、イノベーションが起きづらいという側面はあるだろう。

ただ、僕が小学生時代から「こればっかりはもう少し進化してくれないものか」と不満を持ち続けている道具がある。「ちりとり」だ。

集めたゴミを、ほうきでちりとりの中にすっと掃き入れる。すべて入ったと思ってちりとりを持ち上げると、ちりとりのラインに沿ってゴミが少し残っている。

しかたがないので、少しちりとりを引き、再度ほうきでゴミを掃き入れる。ちりとりを持ち上げ

ると、まだほんの少しゴミが残っている。いったい、いつ終わりにすればいいのだろう。

仮に**1回ほうきで掃くと、9割のゴミがちりとりの中に入り、1割が床に残る**としてみる。

初めのゴミの量を1とすると、最初のひと掃きで0.9のゴミがちりとりの中に入り、0.1のゴミが床に残る。

もう1回やると0.09がちりとりの中に入り、0.01のゴミが床に残る。

もう1回やれば0.001のゴミが残り、もう1回やれば0.0001が残り……と、常にゴミは床に残り続ける。

ちりとりの中のゴミの量

毎回「1割」のゴミが残るとすると…

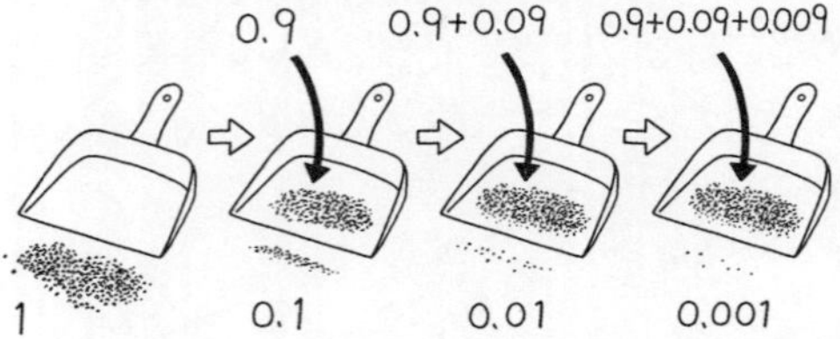

0.9　0.9+0.09　0.9+0.09+0.009

1　0.1　0.01　0.001

しかし、ここから少し面白い数学的な事実を汲み取ることができる。残るゴミではなく、ちりとりの中に入ってくるゴミのほうに注目してみよう。この作業を永遠にくり返したとすると、初めのひと掃きで0.9、次のひと掃きで0.09、次に0.009……と、その分量は10分の1ずつ少なくなっていき、ちりとりの中には無限の「回数」ゴミが入ってくることになる。

では、ちりとりの中のゴミの「分量」は無限に大きくなるのか、というとそんなことはない。やっていることは最初にあった1のゴミを細分化しているだけであるから、ちりとりの中のゴミの量は**1にどんどん近づくが、1を超えることはない。**つまり、こんな数式が成り立つ。

$$1=0.9+0.09+0.009+0.0009+\cdots$$

右辺は無限の数の和だ。しかし、その結果は有限の値になる。「ちりも積もれば山となる」ということわざがあるが、ちりとりの中の「ちり」は、けっして山になることはないのだ。

無限のくり返しが必ずしも無限に大きな結果をもたらさないという事実は、僕たちを少し不思議な気分にさせる。

人の手を離れたバスケットボールが体育館の床を弾んでいるのを見て、こんなことを考えたことはないだろうか。

ある高さから落としたボールは、落下したあと床で跳（は）ね返り、最初の高さの何割かまで上昇する。再びそこから落下したあと、さらにその高さの何割かまで上昇する。ボールの到達点はどんどん低くなっていくが、理屈上は、これは無限に続く。

もし、理想の床とボールがあったのならば、ボールは床の上を永遠に跳ね続けるのではないだろうか。

バスケットボールは「無限に」跳ね続ける？

この予想は半分正しく、半分間違っている。この理想のボールは**床を無限の「回数」跳ね続けるが、無限の「時間」跳ね続けるわけではない。**

仮に、ボールが最初の高さの４分の１の高さまで跳ね返るとしよう。１の高さで落としたボールは４分の１まで戻ってくる。

さらに、４分の１の高さから落下したボールは16分の１まで戻ってくる。どんどん高さは小さくなるが、このバウンスは確かに無限の「回数」続く。

ここで大切なのは、この往復に要する時間も減っていくということ。物理計算によると、このときボールが戻ってくるまでの所要時間は、前の所要時間の２分の１になる。

最初の行程に要する時間を仮に１秒とすると、次の行程に要する時間は１/２秒、さらに次の行程に要する時間は１/４秒……である。

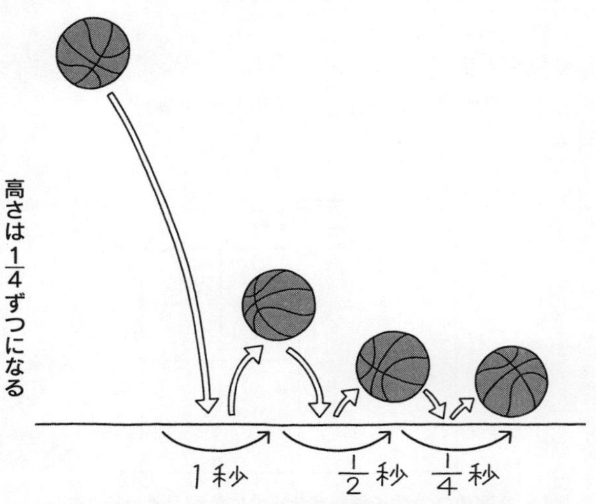

頂点に戻ってくるのにかかる時間は半分ずつになる

つまり、すべてのバウンスに要する時間は、

$$1+\frac{1}{2}+\frac{1}{4}+\frac{1}{8}+\cdots\cdots$$

を計算すればよいことになる。この**無限の数の和も、じつは有限の値**になる。

結論から言えばそれは2だ。式にすると、

$$2=1+\frac{1}{2}+\frac{1}{4}+\frac{1}{8}+\cdots\cdots$$

となる。面積が2の長方形を、下の図のように半分ずつに分割していく様子を考えると、納得しやすいだろう。

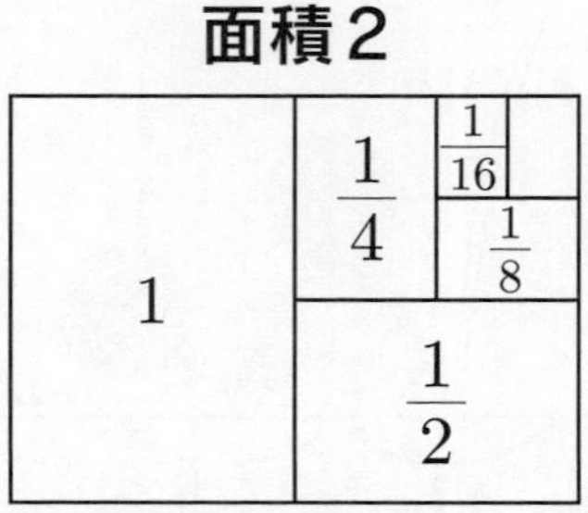

面積2

1	$\frac{1}{4}$	$\frac{1}{16}$	
		$\frac{1}{8}$	
	$\frac{1}{2}$		

面積2の長方形を半分ずつに区切っていく

ここから導かれる事実は、先ほどのちりとりの例よりも、はるかに受け入れがたい。**ボールは2秒という有限の時間の中で無限回のバウンスを「終えて」しまう**というのである。

昔、何かのSF小説で読んだ奇妙な話を思い出す。人はいまわの際(きわ)に、寿命が尽きるまでの時間を分割し始めるという。

１秒を１秒と感じる脳のクロックがスピードを増していき、１/２秒を１秒と感じるようになる。次の１/４秒を１秒と感じる。次の１/８秒を１秒と感じる。２秒後に心電図がピーと鳴り、お医者さんが「ご臨終(りんじゅう)です」と告げるまでに、その人は「無限」の生(せい)をまっとうするというのである。

フィクションではあるが、妙に理屈が通っていて納得させられたのを覚えている。「無限」に思いをはせるとき、そこからほのかな死生観すら想起させられてしまうのは、「有限」の生に生きる我々の性(さが)なのかもしれない。

たまには、ちりとりでゴミを集めて、頭をぼんやりさせてみるのも悪くない。

シャンパンタワーの不都合なリアル

グラスをピラミッドのように積み上げて、一番上のグラスにシャンパンを注ぐと、グラスからあふれたシャンパンが順々に下のグラスに流れ落ち、やがてすべてのグラスを鮮(あざ)やかな色に満(み)たしていく、なんとも華やかなパーティーなピーポーたちの戯(たわむ)れ。それがシャンパンタワー。

このシャンパンタワーがトリクルダウンという経済学の理論を説明するのに使われているのを見たことがある。

トリクルダウン（trickle down）というのは「したたり落ちる」という意味。金持ち層が潤(うるお)うことでその富が下層にこぼれ落ち、貧しい階層にもまんべんなく分散されていく、その様子をシャンパンタワーにおけるシャンパンの流れになぞらえているわけだ。

ずいぶん金持ちに都合のいい理論があったものだと思うが、それを説明するのがまた、庶民にはほとんど縁のないシャンパンタワーというのも気の利(き)いたブラックジョークのようである。

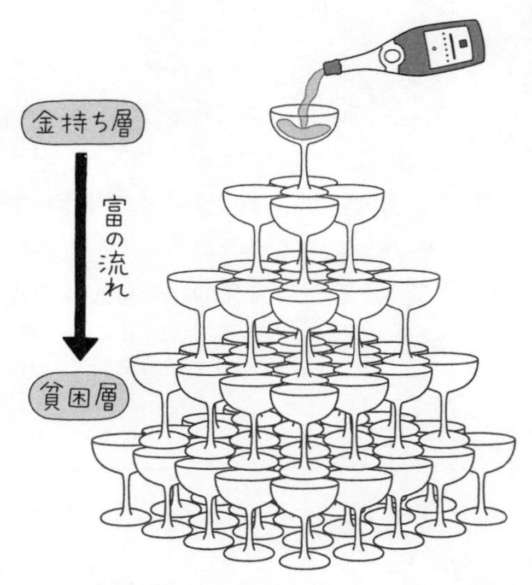

この説明を聞いてふと疑問に思ったことがある。このシャンパンタワー、頂上のグラスにシャンパンを注ぎ続けたとき、果たして本当にすべてのグラスに「まんべんなく」シャンパンは分散されるのであろうか。

それを確かめるのにはグラスもシャンパンも“陽キャ”な友達も必要ない。数学的な「モデル」をつくれば、紙とペンだけで行なえるのである。

話を簡単にするために、グラスが次ページのように上から１個、２個、３個、４個、５個、６個と三角形をなすように積まれているとしよう。

さらに「あるグラスからあふれた液体はその下にある左右のグラスに均等に分配される」と仮定しておく。実際のグラスは「立体的」に積まれている、とか、どちらのグラスにも入らずにこぼれおちる液体もあるかもしれない、とか気になる点はあるが、細かいことは無視したり、単純化したりするのもモデル化の重要なポイントである。

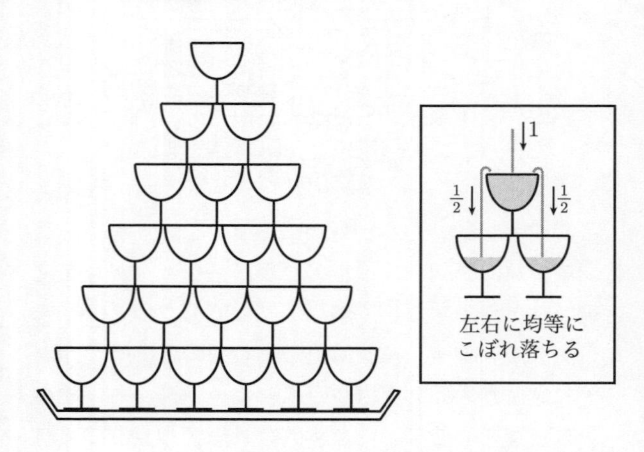

これでシャンパンの動きを数値で考えることができる。各グラスの容量を1であるとし、頂上のグラスに5の分量の液体を注ぐと、各グラスにどのように分配

されるかを観察してみよう。

まず、5のうちの1は最初のグラスに入る。残りの4は下部にある左右のグラスに均等に、つまり2ずつに分かれる（図1）。2段目では2のうち1がグラスに入り、残りの1が下部の左右のグラスに1/2ずつ分かれる（図2）。

さて、3段目で何が起こるかをよく見てみよう。端（はし）のグラスに入る液体の分量は1/2であるのに対して、中央のグラスでは上部2つのグラスからあふれ出た液体が合流するので1/2＋1/2＝1の液体が入ることになる（図3）。

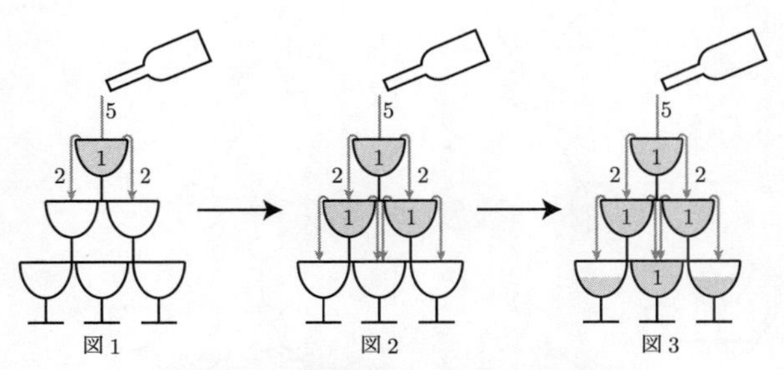

2段目では左右両側に1/2ずつあふれ出る

結果、中央のグラスには端のグラスの2倍の液体が集まることになる。

この時点ですでに**「中央に液体が集まりやすい」**という傾向が観察できるが、じつはこの傾向は下層にいけばいくほど、より顕著(けんちょ)になる。６段のシャンパンタワーに15杯分のシャンパンを注いだときの液体の流れを同じように考えてみよう。グラスの絵よりも、チャートを使うと効率がよい。

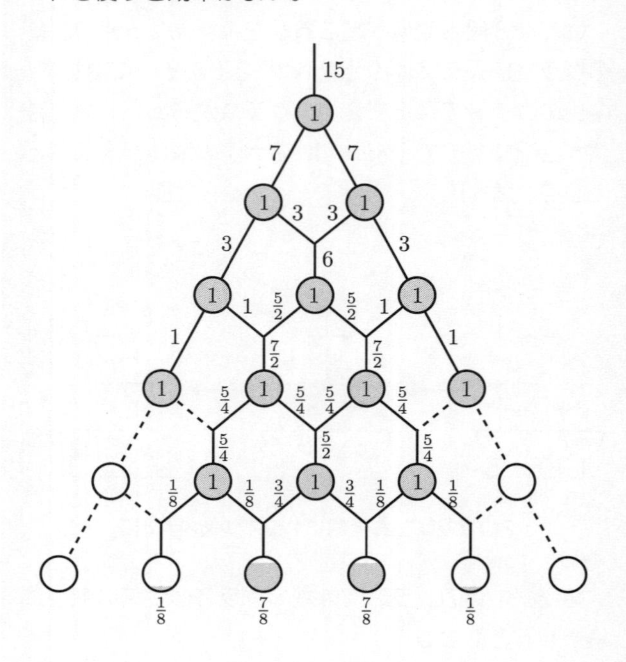

結果はご覧のとおり。４段目まではすべてのグラスが液体で満たされるが、５段目になると端のグラスにはまったく液体が届いていないし、６段目になると、液体のほとんどが中央の２つのグラスに集中してしまっている。

もう結論は明らかだ。**「シャンパンはまったく均等にはいき渡らない」**のである。

この調子で、６段のシャンパンタワーすべてのグラスを満たすためには、頂上のグラスにどれくらいの量のシャンパンを注がなければならないのかを考えてみよう。

端のグラスほど液体がいきにくいのであるから、「最下層の端のグラスを満たす」ことができれば、すべてのグラスに液体がいき渡ったと言えるはずだ。

ここで注目してほしいのは、ある端のグラスには、その１つ上のグラスに流れ込む液体の分量から「１を引いて２で割った」分量の液体が入ってくるということである。

ここから逆算していこう。最下層の端のグラスに1の分量の液体が流れ込むとすれば、その１つ上のグラスにはそれを「２倍して１を足す」分量の液体が流れ込む。

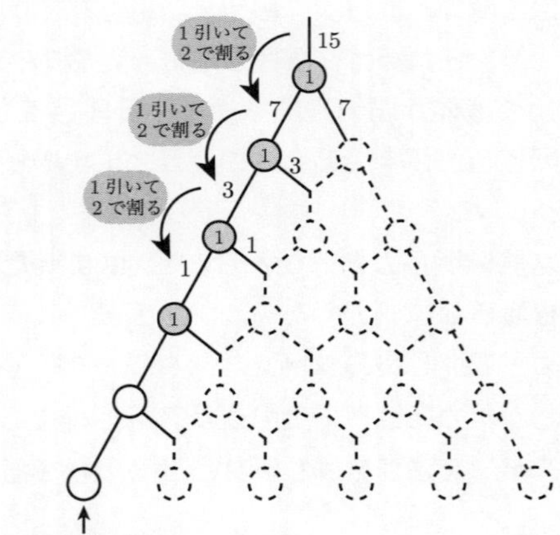
1 引いて
2 で割る
15
7
7
1 引いて
2 で割る
3
3
1 引いて
2 で割る
1
1
ここに届かせたい

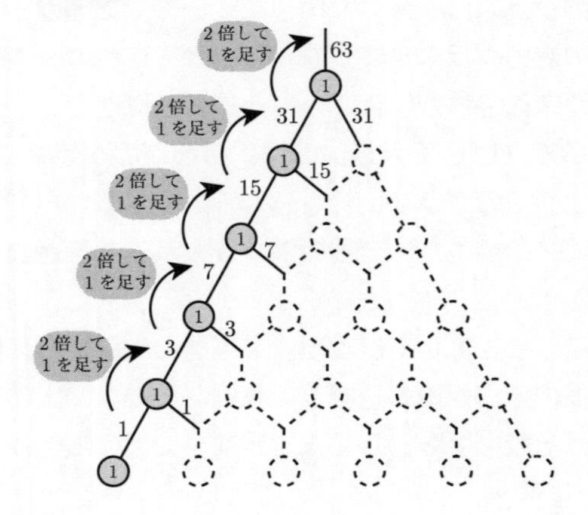
2 倍して
1 を足す
63
31
31
2 倍して
1 を足す
15
15
2 倍して
1 を足す
7
7
2 倍して
1 を足す
3
3
2 倍して
1 を足す
1
1

これをくり返せば、すべてのグラスを満たすには、頂上のグラスに、じつに**63杯分のシャンパン**を注ぐ必要があることになる。

ちなみに、グラスの個数は１＋２＋３＋４＋５＋６＝21個なのだから、63－21＝42杯分、つまり３分の２のシャンパンは無駄になってしまうのだ。何という効率の悪さ！

しかし、考えてみてほしい。

このシャンパンタワーが一番活躍しているのは、いわゆる「夜の街」の、いわゆる「接待をともなうお店」である。

お客さんに高価なシャンパンを注文してもらい、盛大な掛け声に合わせて一番上のグラスからシャンパンを注いでいく。

このイベントの目的は「効率」ではなく、ずばり「浪費」ではなかろうか。

そういう観点で見ると、シャンパンタワーはシャンパンを贅沢（ぜいたく）に無駄づかいさせるシステムとして、じつに理にかなっている、といえなくもない。

はからずも世の闇の真理に触（ふ）れてしまったようで、ちょっとこわい。

“貧乏性”のシャンパンタワー

さて、先の考察でシャンパンタワーがシャンパンを大量に無駄にする金持ちの遊戯であることははっきりした。コーヒーマシンから抽出されるコーヒーの最後の一雫すら無駄にするのをためらってしまう僕のような小市民が手を出してはいけない代物だ。

しかし、ここでふと考えた。何らかの工夫をすることで「シャンパンを一切無駄にしないシャンパンタワー」というものをつくることはできないだろうか。

いわば究極の「貧乏性シャンパンタワー」である。どこにそんな需要があるのかはまったくわからないが、役に立たないことを真剣に考えることができるのも我々の特権である。

それを考えるために、前の項目でつくったシャンパンタワーのモデルをさらに単純化してみることにしよう。前回は「グラスの容量が1」であるようなシャンパンタワーを考えたが、今回は思い切って「グラスの容量が0」であるとしてみる。容量が0なのだから、もはやグラスである必要すらない。

三角形の板が下の図のように配置されていて、液体はこの三角形の頂点で左右均等に分割されると考えればよい。ちょうど滝から流れ落ちる水が、小石にあたって2つに分かれるようなイメージだ。

グラスがないのに「シャンパンタワー」と呼んでいいのかは疑問であるが、「液体の分かれ方」だけに目を向けることはできる。何かにフォーカスするために、それ以外のものを大胆に省略する、というのも数学の大切な考え方なのである。

さて、これに頂上から1の分量のシャンパンを注いでみよう。グラスはないのだから、この液体はどこにも留(とど)まることなく下へ下へと流れ落ちていく。ここで知りたいのは、液体が各段階でどのような比率に分かれるかである。

まず1段目で1の液体が1/2ずつに分かれる（次ページ図1）。2段目では1/2の液体がそれぞれ1/4ずつに分かれる。

中央では2つの方向から流れ出た液体が合流するので液体は、

$$\frac{1}{4}:\frac{1+1}{4}:\frac{1}{4}\text{ すなわち }\frac{1}{4}:\frac{2}{4}:\frac{1}{4}$$

と3つに分割されることになる（次ページ図2）。2/4は1/2と約分できるが、ここでは**あえて約分しない**まま書き表すことにしていこう。

3段目も同様に考えよう。

1/4の液体が1/8ずつに分かれ、2/4の液体が2/8ずつに分かれる。液体が合流する部分を考えれば、その分かれ方は、

$$\frac{1}{8}:\frac{1+2}{8}:\frac{2+1}{8}:\frac{1}{8}\text{ すなわち }\frac{1}{8}:\frac{3}{8}:\frac{3}{8}:\frac{1}{8}$$

となる（次ページ図3）。

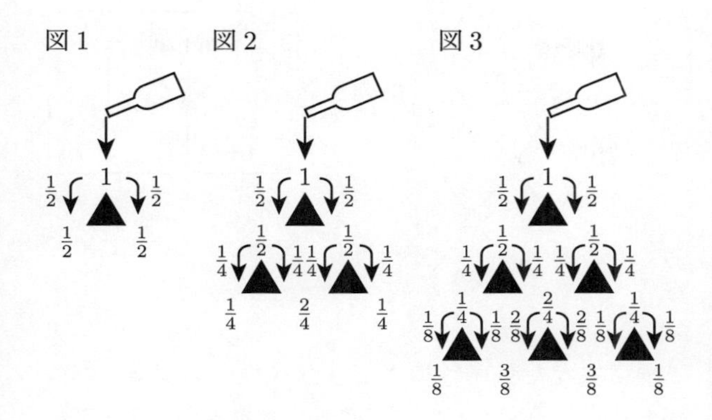

少しずつルールがわかってきた。結局「上部の２つの数をそれぞれ１/２倍してから足し算する（上部に１つしか数がない場合は単にそれを１/２倍する）」というルールで数が並ぶことになる。分数を約分しない状態で表しておけば、この操作はさらに単純。

「上部の２つの数の分子を足し算して、分母を２倍する（上部に１つしか数がない場合は単に分母を２倍する）」となる。

要領がわかれば機械的な作業だ。このルールにしたがい６段目まで数を並べると次ページの図のような数のピラミッドができる。

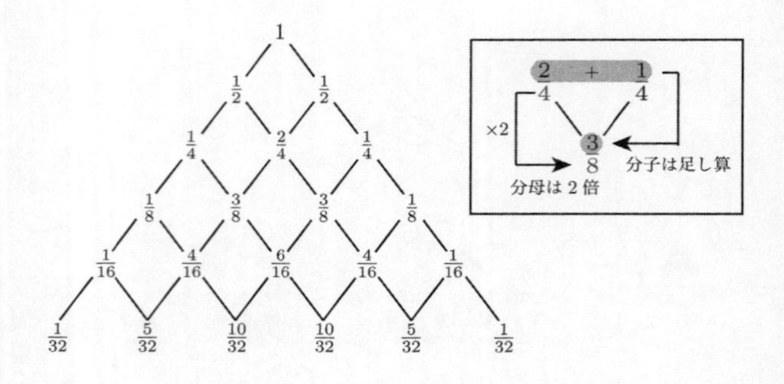

横に並んだ数字は頂上に注がれた１のシャンパンが、各段においてどのように配分されるかを示している。その配分「比」がわかりやすくなるように、図の分数の**分子だけを取り出して並べてみる**と以下のようになる。

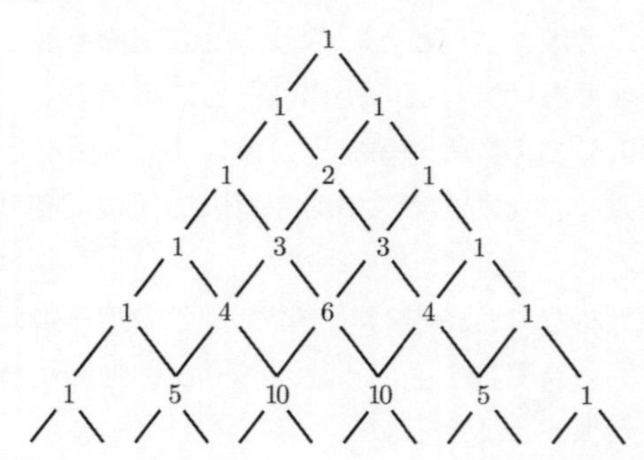

シャンパンタワーにおいて、下層にいくほど「中央のグラスに液体が集中する」という傾向があると言ったが、それはこの三角形からはっきり見てとることができる。

たとえば、4段目の液体の配分比は「1：3：3：1」で、中央が端より3倍液体が集まりやすいが、6段目にいくとこれが「1：5：10：10：5：1」となり、中央が端よりも10倍液体が集まりやすいことがわかる。

じつはこのピラミッド型の数の並びは**「パスカルの三角形」**という名で知られている。

これ単体で見た場合、数は頂点を1として**「どの数も自身の上にある2つの数の和（上に1つしか数がない場合はその数そのもの）」**という規則にしたがって並んでいることを観察しておこう。

では、本題に戻ろう。

結論から言えば、シャンパンを無駄にしないためにはグラスの容量がパスカルの三角形をなすようにすればよい。

実際にイラスト化すれば、次ページのようになるだろう。

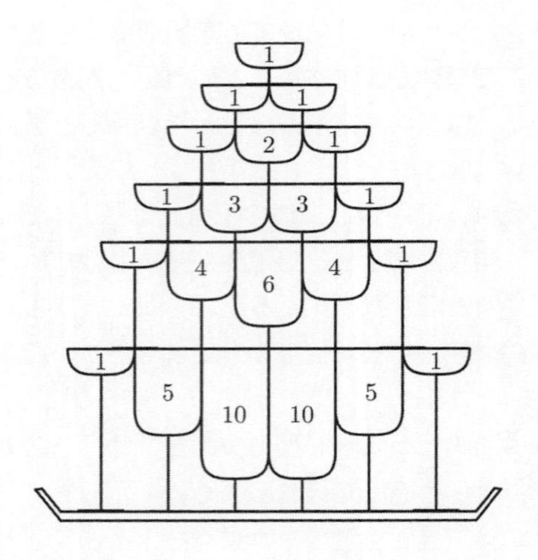

なぜ、これでうまくいくのかを見てみよう。

最初の液体が頂上のグラスを満たす。ここでのポイントは「満タンになったグラス」は「容量0のグラス」と同じ、つまり85ページで示した「三角形の板」と同じ働きをするということだ。

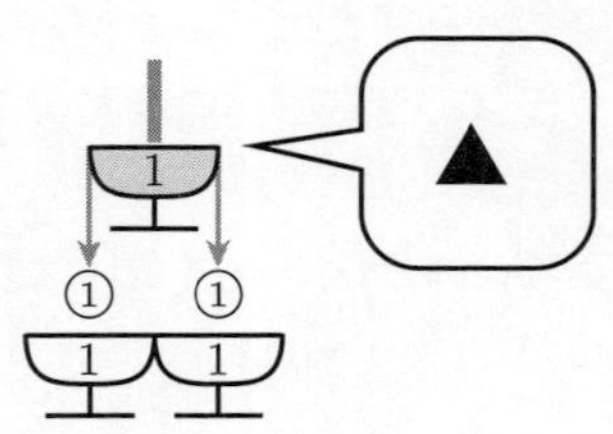

パスカルの三角形より、２段目に流れ出る液体の分量の比は1：１となるので、

それに対応した容量のグラスをおけば、２つのグラスは同時に満タンになる。

２段目のグラスまでが満タンになれば、２段目より上のグラスがすべて三角形の板と同じ働きをするようになるので、３段目に流れ出る液体の分量の比もパスカルの三角形にしたがい１：２：１と決まる。

その比に対応した容量のグラスを下におけば、３つのグラスは同時に満タンになる。以下、３段目以降も同様だ。

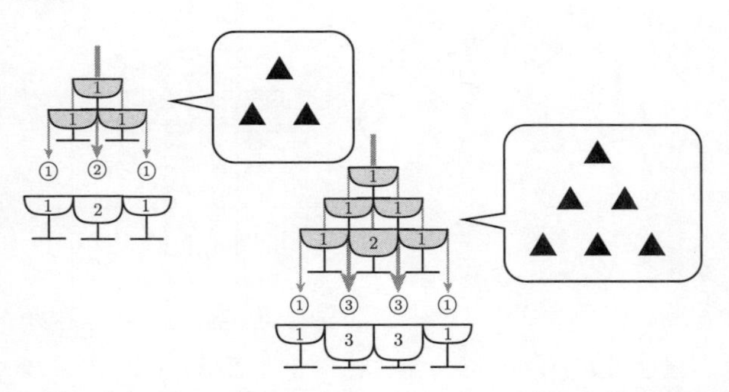

つまり、パスカルの三角形にしたがってグラスの容量を設定すれば、各段のグラスは常に同時に満タンになってあふれ出すので、無駄ができないのだ。

この６段タワーのグラスの容量の総和は63。通常のシャンパンタワーのすべてのグラスを満たすのに必要なシャンパンの量と同じだ。63杯分を注いだ結果を前項と同じチャートでまとめてみよう。

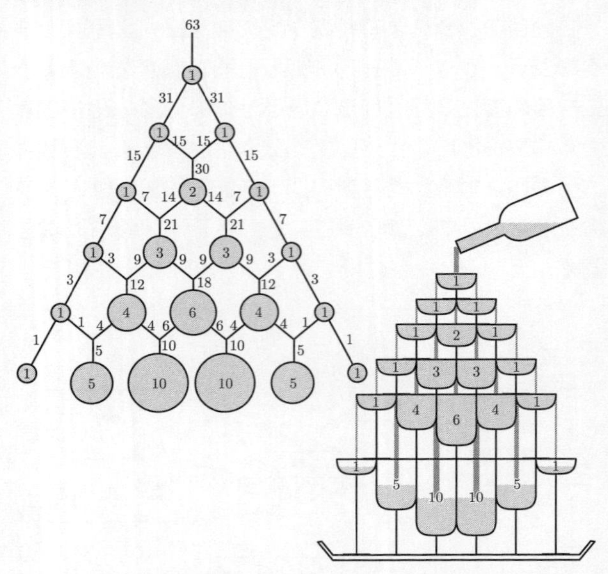

液体がまんべんなく全体にいき渡る様子はなかなか爽快(そうかい)だ。前項の冒頭に書いた経済学におけるトリクルダウンも、このモデルなら大歓迎だ。

ささやかな好奇心と根っからの貧乏性からスタートした考察が、期せずして本格的な数学へとつながっていくというのはなかなかに愉快(ゆかい)なものだ。

墓地の近くで交通事故が多発する理由

王様「最近この国で『熱中症』という症状で病院に搬送される患者が増加しているようだね。原因はわからんのかね」

家来「はい、当局としても全力をあげて調査しました。そして、ついにその原因を突きとめました」

王様「それは何だね」

家来「『アイスクリーム』です」

王様「なんだと！ 『アイスクリーム』を食べることで『熱中症』になるというのか。にわかには信じられん」

家来「そうかもしれません。しかしちゃんと証拠もあります。こちらの図です。これはここ最近の30日間について『アイスクリームの売り上げ』と『熱中症患者の搬送数』をまとめたものです。ご覧ください。アイスクリームの売り上げが大きい日には、患者の数も増えているのです。これは嘘偽（いつわ）りない事実です」

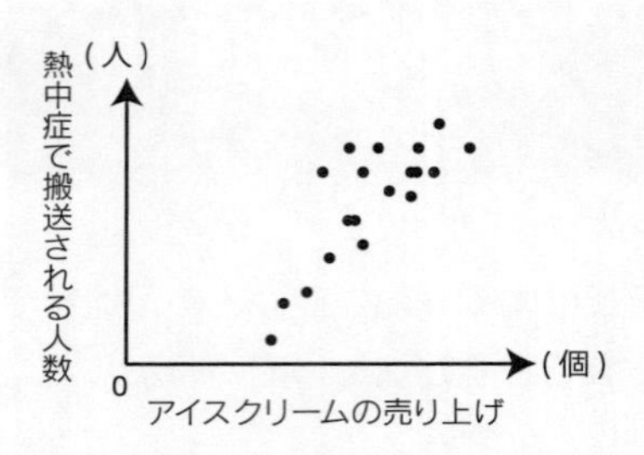

王様「それは大変だ。ただちに『アイスクリーム』の販売を中止する法律をつくろう」

家来「わかりました。至急手配いたします。あ、それともうひとつ重要なデータが」

王様「何だね」

家来「次のデータは『おでんの売り上げ』と『熱中症患者の搬送数』をまとめたものです。ご覧ください。おでんの売り上げが上がる日は熱中症患者が著(いちじる)しく少ないのです」

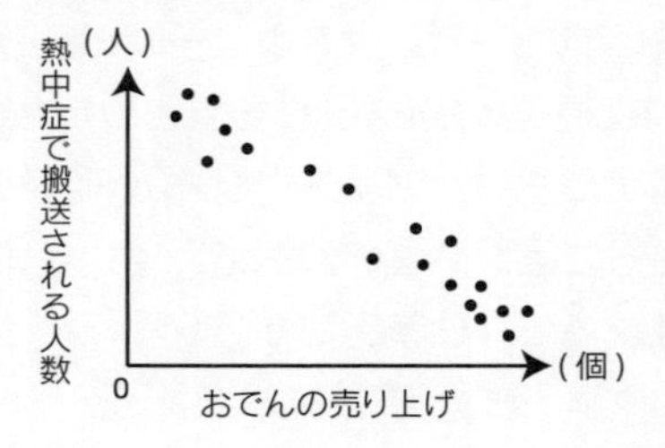

王様「なんということだ。つまり『おでん』が熱中症予防の特効薬になるということではないか」
家来「そうなります」
王様「では、夏には『おでん』を食べるように国民に推奨（すいしょう）するCMを公共広告機構につくってもらおう。『おでんを食べて熱中症ゼロ』じゃ」

架空の王国で起きた架空の話。もちろん、データも架空のものだ。

さて、家来が提出したデータが嘘偽りないものだったとしても、導き出された結論が正しいとは言えないことはすでにおわかりだろう。熱中症患者が増えるのも、アイスクリームの売り上げが伸びるのも、そもそもは「暑い」ことが原因。だから「アイスクリームの売り上げ」が増える日には「熱中症患者の搬送数」も増えるのは当たり前のことだ。

一方が増えればもう一方が増える（あるいは、減る）という関係を**「相関関係」**といい、一方が原因で一方の結果が起こるという関係を**「因果関係」**という。

ＡとＢという２つの事柄（ことがら）のあいだに「相関関係」が見られたとしても、ＡとＢに「因果関係」があるとは限らない。先ほどの例のように、ＡとＢという２つの事柄が共通の原因Cによって引き起こされるような場合、AとBには相関関係が表れてしまう。

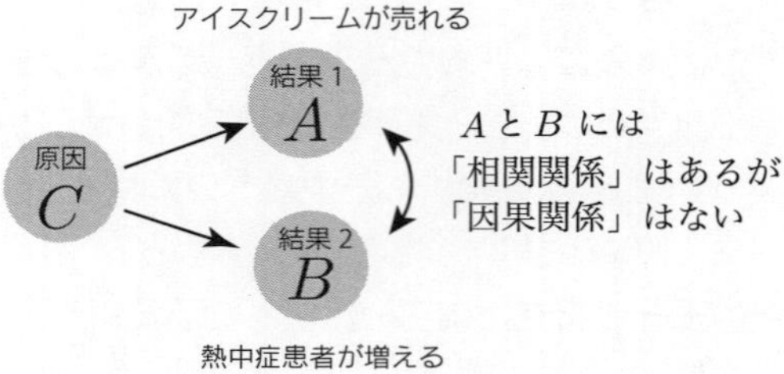

アイスクリームが売れる
結果1
A
原因
C
結果2
B
A と B には
「相関関係」はあるが
「因果関係」はない
熱中症患者が増える

これを「因果関係」と勘違いしてしまうと、冒頭の笑い話のようにとんでもない結論が導かれてしまうことがある。

単なる笑い話と思うなかれ。民間の通説から厳格な学問の世界においてまで、単なる「相関関係」を「因果関係」と早とちりしてしまったために、間違った結論に導かれた例は枚挙にいとまがない。**タチが悪いのは、それが「正しいデータに基づいている」**ことなのである。

こんな話を聞いたことはないだろうか。ひんぱんに交通事故が起こる場所がある。調べてみると、その土地はかつて墓地があった場所だという。よくある都市伝説の類だ。

ところが、である。実際に調べてみると、交通事故が多発する場所がかつて墓地だったという事例はかなり多いのだそうだ。

しかし、これにはこんな説明ができる。そもそも墓地の周りは土地が安いから道がつくられやすい。一方で古くからある墓地を避けて道をつくるため、どうしても無理なカーブが多くなる。

急カーブでは事故が起こりやすいのだから、結果的に墓地の近くばかりで事故が多発するように見えてしまうのである。

もちろん、それですべてが説明できるものではないかもしれない。ただここで強調したいのは、**相関関係を安易に因果関係に結びつけるのは危険で、因果関係のあるなしというのはきわめて慎重に検討されるべきもの**だということなのだ。

人はデータに弱い。データに裏付けられると、どんなに信じがたいことでも信じてしまいそうになる

しかし、正しいデータからでも間違った結論に導かれることがあること、さらには悪意を持った人が巧妙(こうみょう)にデータを扱えば、意図的に間違った結論に誘導することだってできるということを、情報化社会に生きる私たちは、しっかりと肝(きも)に銘(めい)じる必要がある。

統計データはあなたをダマシにかかる

安全運転を啓蒙(けいもう)するパンフレットに、こんな記述があった。

「高速道路での交通事故死亡者のうち、４割の人がシートベルトをしていませんでした」

これを読んだとき、かなり意外に感じてしまった。シートベルトによって事故時の安全性はかなり高まるという印象を持っていたので、交通事故死亡者の中では、当然シートベルトをしていない人の割合が多いであろうと思っていたからだ。

実際はその逆。シートベルトをしているにもかかわらず亡くなった人が、シートベルトをせずに亡くなった人を上回っているのである。これはむしろシートベルトの有効性が疑問視される結果ではないのか。

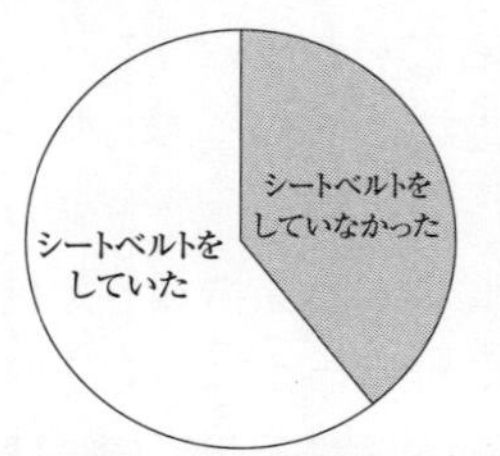

パンフレットに示されていた交通事故死亡者の割合

結論を言えば、これは完全に錯覚である。

ここで考慮しなければならないのは、現在の日本では「大半の人がきちんとシートベルトをする」という事実だ。

無作為に運転者を選べば、ほとんどの人がシートベルトをしているのに、「交通事故死亡者」に絞(しぼ)れば4割「も」シートベルトをしていないわけで、そこを比較すればシートベルトが効果的であることは間違いないのである。

具体的に数値で考えてみよう。警察庁のホームページによると、シートベルトの着用率は(前列に限れば)95%とある。1万人の運転者がいれば9500人がシートベルトをしており、500人がしていない計算だ。

では、この1万人の中で10人の交通事故死亡者がでると仮定してみよう。先ほどのデータによれば6人がシートベルトをしていて、4人がシートベルトをしていないことになる。

次に運転者を「シートベルトをしているグループ」と「シートベルトをしていないグループ」に分けたとき、それぞれのグループの中での交通事故死亡者の割合を比較してみよう。

シートベルトをしているグループの中での交通事故死亡者の割合は、

$$\frac{6}{9500}=約0.00063$$

一方、シートベルトをしていないグループの中での交通事故死亡者の割合は、

$$\frac{4}{500}=0.008$$

つまり、シートベルトをしていないグループのほうが交通事故死亡者の割合が12.7倍も高いという結論が得られる。

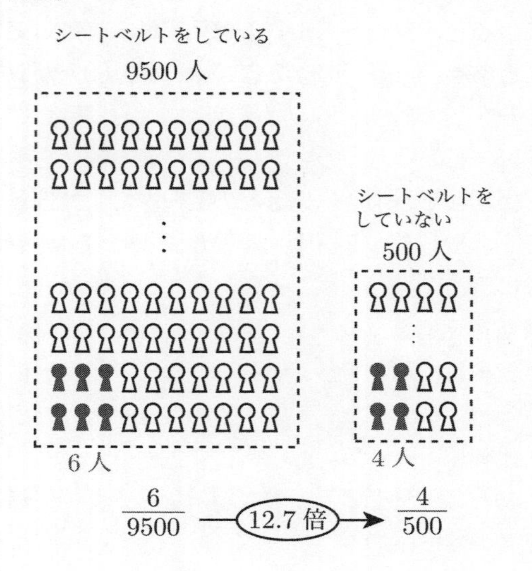

シートベルトをしていて亡くなった人は確かにシートベルトをせずに亡くなった人よりも多いが、それはシートベルトをしている人が母数として圧倒的に多いのであるから当たり前。比率で考えれば、むしろかなり小さいことがわかる。

ある属性を持った人だけを取り上げて、そのうちの何割がXをしていました、と主張する言説をよく見かける。

しかしこれは、そもそもその属性に関係なく「Xをしている人が何割いるか」という情報をセットにしないと意味を持たない。それどころか間違った印象を与えてしまうことがあるのだ。次の文を見てほしい。

「ハリウッドセレブの8割が毎朝Xをしている」

こう言われると、Xという行為が何か特別なことで、何ならそこにスターになる秘訣(ひけつ)が隠されているのではないかと感じてしまってもおかしくはない。だが次のように変えたらどうだろう。

「ハリウッドセレブの8割が毎朝顔を洗っている」

とたんに「それがどうした」という案件に変わる。ハリウッドセレブだろうが親戚のおっちゃんであろうが、朝にはだいたい顔を洗うのだから、これは当たり前。いや、仮に普通の人の９割が朝に顔を洗うというデータがあれば「ハリウッドセレブは意外と顔を洗わない」という結論さえ導けるのである。

いずれにせよ「世間一般にＸをしている人が何割いるのか」という情報がなければ、前ページの言説からは何ら意味のある結論は導けないのだ。

たとえデータ自体が正しくとも、必要な情報をうまく隠すことで、事実とは異なる印象を人に与えることも可能だということは、我々が統計を見るうえでしっかり注意しておく必要がある。

もう１つ、こんな例をあげておこう。ある感染症の検査キットがある。この検査キットでは、感染者に使用すると99.9％の確率で「陽性」と判断され、非感染者に使用した場合には99.9％の確率で「陰性」と判断される。

	陽性	陰性
感染している人	99.9%	0.1%
感染していない人	0.1%	99.9%

□ 正しい判定

正確な診断が出る確率が99.9%であるから、これはかなり信頼性の高いキットと言える。

あなたは国民の中から無作為に抽出(ちゅうしゅつ)され、この検査キットを使用した。その結果は「陽性」であった。これほど精度の高い検査キットで「陽性」と判断されれば感染はほぼ確定、というのが大方の印象であろう。

しかし、そうとは限らないのである。じつはそれを知るにはここで提示されていない、もう1つの情報が必要になる。それは**「そもそもこの感染症に感染している人の割合はどれほどなのか」**ということだ。

仮に感染者の割合が0.1%、つまり100万人の中の1000人が感染し、残り99万9000人が感染していないようなものであったとしよう。この100万人に検査キットを使った場合、正しく陽性と判断される人は1000人の中の99.9%、つまり999人である。

一方、誤って陽性と診断される人も非感染者の0.1%いるわけで、99万9000人の0.1%を計算すると、やはり999人となる。陽性と判断された人の中だけで見れば、感染者と非感染者は同数。つまり、自分が感染者である確率は**50%にすぎない**ことになる。

まさにシートベルトの例と同じことがここでも起きている。非感染者が陽性と判断される確率はきわめて

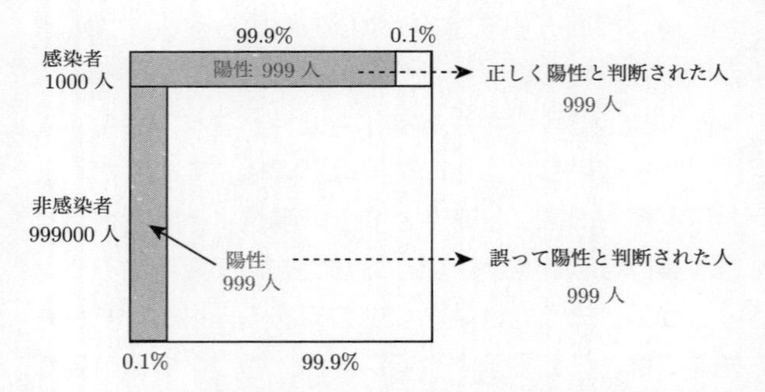

低いとはいえ、非感染者の母数が圧倒的に多いためにその絶対数は多くなる。だから陽性者に限って見たとき、非感染者の割合が高く出てしまうのだ。

もちろん、その感染症特有の症状が出ている、感染リスクが高い場所にいたことがある、などという状況であれば、結果はより信頼できるものになるものの、検査キットの精度がどれほど高くても、結果は注意深く検証されるべきなのである。

「数字は嘘をつかない」というが、その数字に人は意外にダマされる。

どんなに正確なデータが与えられても、それを読み解くのは私たち自身。何が「読み取れる」のか、何が「読み取れない」のかを見極める目が現代社会ではますます重要になってくる。

人はなぜ「トイチの利息」を受け入れるのか

子供の頃、よく「宝くじで１億円当たったらどうする？」という話で盛り上がった。

みんなが「豪邸に住む」とか「おもちゃ屋のゲームソフトを買い占(し)める」とか、あり得ない夢物語に妄想をふくらませていると、「バカだなぁ、銀行に貯金すれば、利息で一生食べていけるじゃん」と水を差してくるやつは必ずいた。

驚くなかれ、銀行の金利が５％、８％なんて珍しくなかった1980年代前半であれば、これはきわめて現実的な意見だったのである。

ちなみに、現在の銀行の金利は0.1％すら割ってしまう。当時の僕たちが現実的すぎて面白くないとすら思っていた「利息で食べていく」は、現在ではもっともあり得ない夢物語になってしまった。

さて、この低金利時代だからこそ有効になる、ちょっとした計算のテクニックを紹介したい。

たとえば、元金１万円を年金利0.1％で５年預けたらいくらになるかを計算してみよう。

1年目では1万円に0.1%の利息がついて1.001（万円）となる。次の年は、この増えた金額に対して、さらに0.1%の利息がつくから、

$$1.001 \times 1.001 = 1.001^2 \text{（万円）}$$

となる。この調子で5年目の貯金額を計算すると、次のようになる。

$$\underbrace{1.001 \times \cdots \times 1.001}_{5\text{個}} = 1.001^5 \text{（万円）}$$

1.001を5回も掛け算するとなると、ふつうは計算機がないと無理だ。ところが「だいたいの値」でいいのであれば、頭の中で瞬時（しゅんじ）に暗算する方法がある。やり方だけ言えば、小数点以下の部分に累乗（るいじょう）の数字を掛けてしまえばいい。

$$1.00\underline{1}^5 \fallingdotseq 1.00\underline{5} \text{（万円）}$$

（1×5）

そんなバカな、と思う人は、ぜひ計算機で実際の計算をしてみてほしい。

$$1.001^5 = 1.00501001001$$

正確な値は概算した1.005に対して１％くらいの誤差しかない。金額にすれば0.1円、つまり１銭の誤差だから、実用上は無視していい範囲である。

これは、金利がある程度低いときであれば、かなり有効な計算方法になる。たとえば、１万円を年利0.3％で８年間預けたときの貯金額を先ほどのやり方で概算すると、

$$1.00\underline{3}^{8} \fallingdotseq 1.0\underline{24}\ \text{（万円）}$$

（3×8）

となり、利息は約240円であることがわかる。こちらも正確な計算結果を並べておくと、

$$1.003^{8} = 1.02425351768$$

となり、利息は242円。わずか２円の誤差しかない。

一般にはhが１やnに対して十分に小さいときには、次のような式が成り立つ。

$$(1+\underline{h})^{n} \fallingdotseq 1+\underline{nh}$$

（$h \times n$）

左辺は金額が毎年（$1+h$）倍されていくのに対して、

右辺は金額が毎年一定のhだけ増加していく。

左辺の金利のつきかたを**「複利」**というのに対して、右辺の金利のつきかたを**「単利」**という。数学的には複利は**「指数的増加」**、単利は**「比例的増加」**である。

前ページの式は要するに、金利が低い場合、数年というスパンでは「複利（指数的増加）」と「単利（比例的増加）」には大きな違いがないということを意味している。

この「感覚」は、計算上ではとても便利だ。ところが、恐ろしい地獄への道しるべでもある。利息がつくのは貯金だけではない。借金もそうだ。

ヤミ金融のドラマなどで、通称「トイチ」と呼ばれる利息のつき方を聞いたことがあるかもしれない。10日ごとに借りている金に1割の複利がつくというしくみだ。

仮に、この金融業者から1万円を借りたとしよう。借金は**10日後には11000円、20日後には12100円、30日後には13310円**になる。

「確かに高いけれど、1か月に3000円程度の利息ならなんとかなるでしょ」

と思った人は要注意。これを3年間放っておいたら、借金はいくらくらいになると思うだろうか。

その金額は**約３億3000万円**である。

こんな額の請求書を見たら「詐欺だ！」と叫びたくもなるが、残念ながらこれは、当初の契約を忠実に施行した嘘偽りない結果なのである。

いつのまに、これほどまで直感と現実が食い違ってしまったのだろう。そこには「指数」の持つ、ある性質が関係している。下のグラフを見てほしい。

$y=1.1^x$のグラフは「トイチ」の複利での金額の増え方である。先ほど見たように、この式はxが小さいうちは$y=1+0.1x$という「直線」のグラフで近似(きんじ)できる。

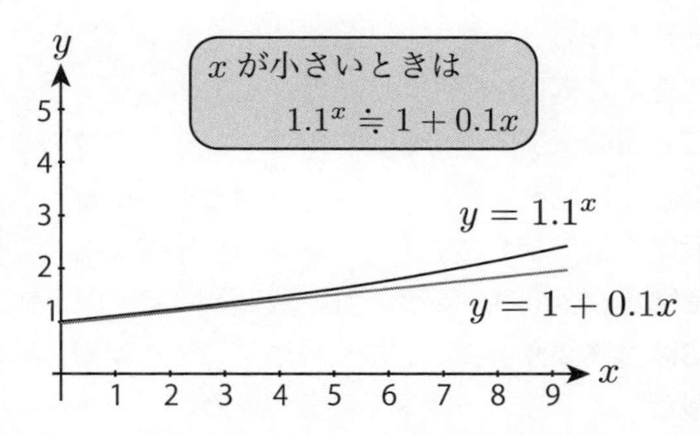

確かに２つのグラフは５、６回目の返済期日まではほとんど差がない。

ここで僕たちはうっかり、この複利の金額の増え方を直線の「比例的増加」と同じようなものと見積もってしまうのである。

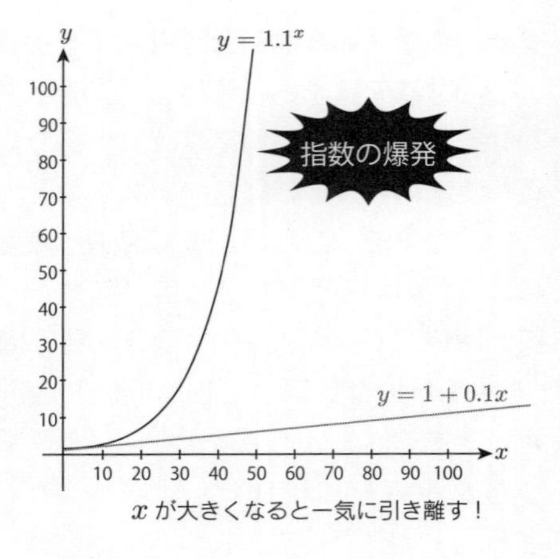

xが大きくなると一気に引き離す！

これが地獄の一丁目。「指数」は「比例」の仮面をかぶって私たちに近づき、安心させたあとにその本性を現す。このグラフの先をご覧いただこう（上のグラフ）。

20回目の返済期限を過ぎたあたりから、指数のグラフの増え方は一気に加速する。そうと知らないあわれな返済者は、借金は$y = 1 + 0.1x$の直線のごとく「比例的増加」をしているというように思い込んでしまう。その溝は時間が経つほど深くなっていき、気がつけば取り返しのつかない状況に陥るわけだ。

「高金利の借金をするというのは、いつか爆発する爆弾をもたされたのと同じことだ」ということを、このグラフとともに肝に銘じておこう。

3章

教科書に載せてほしい数学のはなし

「不幸の手紙」が増殖するメカニズム

これは不幸の手紙です。この手紙を受け取った人は、同じ内容の手紙を50時間以内に29人の人に送ってください。そうしなければあなたに不幸が訪れます。

受け取った人にその拡散をうながす内容を含むメッセージは「チェーンメール」と呼ばれ、明確な迷惑行為であるし、場合によっては犯罪にもなる。

その歴史は意外にも古く、上の「不幸の手紙」はいまから50年前の1970年代に流行したものだ。

当時と今で一番違うのはこれがコピー＆ペーストも一斉送信もできない「物理的な」手紙だということ。実際の文面はもっと長く、それを「一言一句(いちごんいっく)間違わずに書き写さなければならない」という厳しいルールが添(そ)えられていた。

それを50時間以内に29人分用意するというのはかなりの苦行(くぎょう)であるし、切手代もバカにならない。これをしなければ不幸が訪れるというが、これをしなければいけない時点でもう十分に不幸である。

当時ならではの面白いエピソードがある。この手紙が流行する中で「棒の手紙」という謎の亜種（あしゅ）が登場したという。「これは棒の手紙です」から始まり、最後は「あなたに棒が訪れます」で終わる。

タネを明かせば、これは字が下手な人が書いた「不幸」という文字を誰かが「棒」と読み間違え、それがそのまま書き写されて広がってしまったものらしい。

客観的に見れば、おかしいと気づきそうなものだが、何しろ「一言一句間違わずに」というルールがあるのだから勝手に修正するわけにもいかない。そんなことをして万が一にでも「棒が訪れる」のは避けたい。正直、漠然（ばくぜん）と「不幸が訪れる」と言われるよりもはるかに怖い。

興味深くもあり、不気味でもあるのは、この「不幸の手紙」は誰が始めたのか、何の目的で始めたのかがまったく不明なところだ。

強（し）いてその目的を言うなら、ただみずからの数を増やすということのみ。自分自身の中に自分自身を複製するしくみを持ち、複製の段階でエラーが生じて変異する。そして、人を介して広がる。

そう**「不幸の手紙」は、どこかウイルスのようでもある。**人の疑心暗鬼（ぎしんあんき）に巣食（すく）って広がるウイルスだ。

さて、ここからはあくまで数学的興味からこの「不幸の手紙」をとりあげてみたい。自身を複製するルールの決め方で手紙の増え方はどのように変わるのだろうか。

話を単純にするために手紙を受け取った人は全員が忠実に指示に従い、出した手紙はその日のうちに相手に届くとしておく。

まずは次のような文面の手紙を考えよう。

〈手紙A〉
この手紙を受け取った人は、同じ内容の手紙を１日後に１人の人に送ってください。

このケースでの手紙の増え方はじつに単純だ。新たに手紙を受け取る人は１日に１人増えるだけ。１日目にこれを１人に送ったとすれば、手紙を受け取る人の総数は10日目には10人、20日目には20人になる。

きわめて緩(ゆる)やかな増加で、不幸の手紙というより町内の回覧板である。

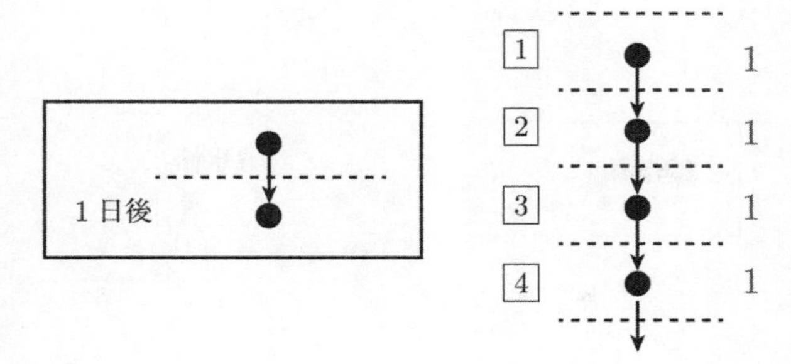

ではルールを「少し」変えてみよう。送る人数を1人から2人にしてみたらどうだろう。

〈手紙B〉
この手紙を受け取った人は、同じ内容の手紙を1日後に2人の人に送ってください。

個人の負担としてはたった1人増えただけ。しかしそれだけで増加の仕方は雲泥（うんでい）の差となる。

手紙を受け取るのは1日目で1人。この1人が2人に手紙を送るので2日目には2人が新たに手紙を受け取る。この2人がさらに2人ずつに手紙を送るので3日目には2×2＝4人が新たに手紙を受け取る。以下、新たに手紙を受け取る人数は２倍、２倍と増えていく。

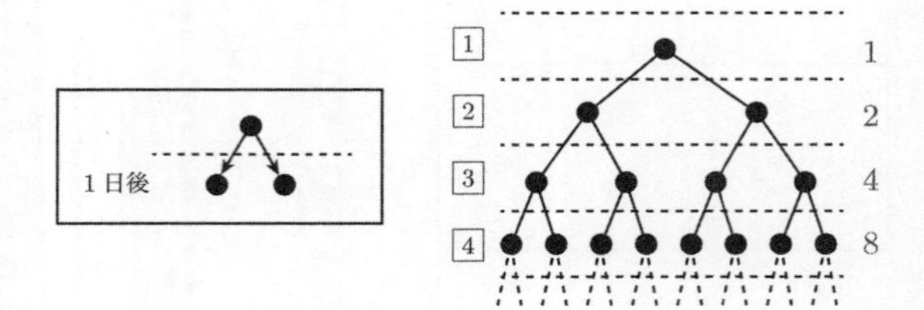

この増加は爆発的に加速し、手紙を受け取る人の総数は10日目には1000人を超え、20日目には100万人を超え、１か月も待たずに日本の人口を軽く上回る。

ＡとＢの増加の違いは、前章で説明した**「単利」と「複利」、つまりは「比例的増加」と「指数的増加」の違い**ということができる。この例は改めて「指数的増加」の怖さを物語るものだし、これをウイルス感染に置き換えた場合、１人が１人にうつすか、２人にうつすかで結果にこれほどまで大きな差をもたらすというのは教訓的である。

もう少しこの話を転（ころ）がしてみよう。Ａの手紙ほど甘くなく、かといって、Ｂの手紙ほど厳しくない、ちょうどその中間にあたるようなルールを考えてみよう。それは次のようなものだ。

〈手紙C〉
この手紙を受け取った人は、同じ内容の手紙を１日後に１人の人に送ってください。さらにその１日後に１人の人に送ってください。

受け取った人が２通の手紙を送るのはBと同じだが、それを２日に分けて送れという指示だ。不幸の手紙でありながら、送信者の負担をやわらげようとするほんのりとした思いやりが感じられる。

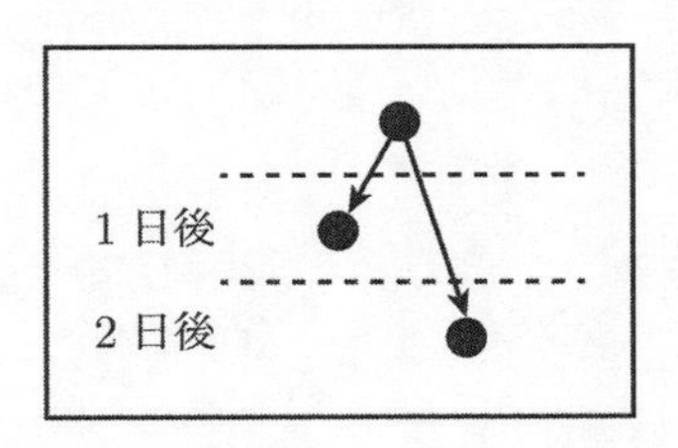

この手紙がどのように増加するか予想してみてほしい。それはAのような「比例的増加」だろうか。それともBのような「指数的増加」だろうか。

具体的に見ていこう。１日目に手紙を受け取った人は２日目に１通、３日目に１通の手紙を出す（次ページ図１）。２日目に手紙を受け取った人は３日目に１

通、４日目に１通の手紙を出す（図２）。以下、同様に考えていくと手紙を受け取る人の数は４日目までは、「1、１、２、３」と増えていく（図３）。

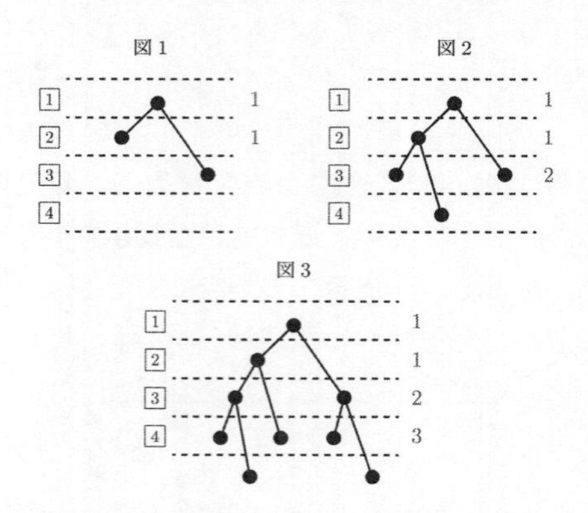

この増え方には、どのような規則があるのだろうか。たとえば５日目に届く手紙は「４日目に手紙を受け取った人が１日後に出した手紙（次ページ図の◎）」か「３日目に受け取った人が３日後に出した手紙（同図の○）」のいずれかである。ということは、

（５日後に手紙を受け取った人の数）
＝（４日後に手紙を受け取った人の数）＋（３日後に手紙を受け取った人の数）

という規則が成り立つ。一般的に言えば、ある日に手紙を受け取る人の数は、その前日と前々日に手紙を受け取った人の数の和になるのだ。

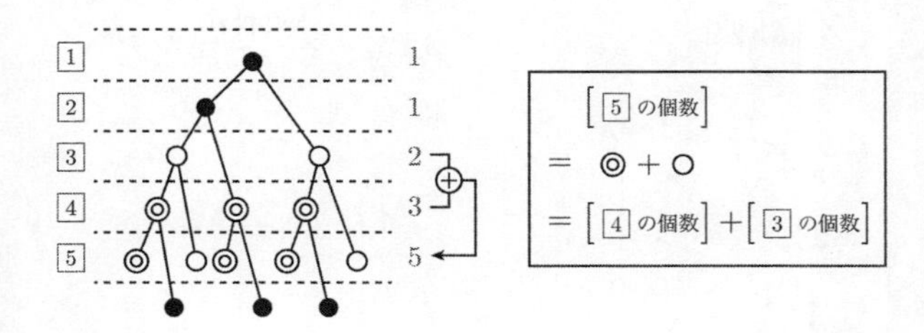

このルールにしたがって、以降の数を並べてみよう。

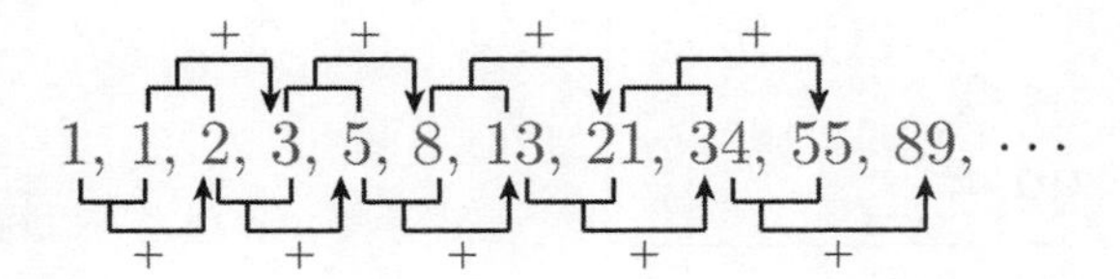

こうしてできるのは**フィボナッチ数列**と呼ばれる大変有名な数列だ。この数列の数の増え方はAの手紙のように一定ではないし、Bの手紙の場合ほど急激に大きくなっているわけでもない。

そこで試しに隣り合う数の比を計算してみよう。それは次ページのようになる。

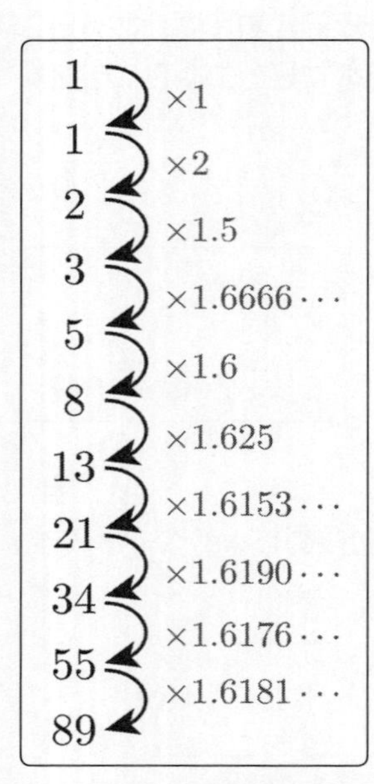

比は一定にはならないが、先に行けば行くほど1.6より少し大きいくらいの値に収まってきているように思える。結論を言うとこの比は、

1.6180339887……

という小数に限りなく近づくのである。つまりCの手紙は「約1.6倍」ずつ増える「指数的増加」と見ていい。

Bの手紙より増え方は緩やかだが、指数的増加である以上、あとになるほどに爆発的な増加を見せる。

それにしても、この謎めいた小数は何だろうか。じつは、この比は古くより**黄金比**の名で知られる神秘的な数なのである。

これについては、また別の項でくわしく掘り下げていこう。

銀メダリストの憂鬱

地球にいる昆虫で一番強いのは何か、漫画のヒロインで一番かわいいのは誰か、歴代の歌手で一番歌がうまいのは誰か。「オンリーワンになれればいい」などと言いながらも、やはり人とはナンバーワンを決めることが好きな生き物であるらしい。

そのナンバーワンを決定するためのもっともよく知られているシステムがトーナメント、つまり「勝ち抜き」方式である。２人ずつが対戦して勝者を決め、さらにその勝者の中で２人ずつが対戦してさらに勝者を決め……そうして最後に残った１人がナンバーワンと認められる。

ただし、このシステムが成立するためには勝ち負けというものについて１つの前提を共有しておく必要がある。「ＡはＢに勝った」と「ＢはＣに勝った」という２つの事実があれば、自動的に「ＡはＣに勝った」とみなされるというものだ。

この関係を数学では**推移律**という。「ＡがＢに勝った」ということを不等号を用いて「Ａ＞Ｂ」と書くのであれば「Ａ＞ＢかつＢ＞ＣであればＡ＞Ｃである」ということになる。数の大小であれば当然のことに思えるが、一般にはこれが成り立たない場合もある。

よく知られた「推移律が成り立たない例」が「じゃんけん」だ。「石（グー）がはさみ（チョキ）に勝つ」「はさみが紙（パー）に勝つ」が成り立つにもかかわらず「石は紙に勝つ」が成り立たない。勝敗はぐるぐると循環する関係になっていて、こうなるとどれが一番強いとは言えなくなってしまう。

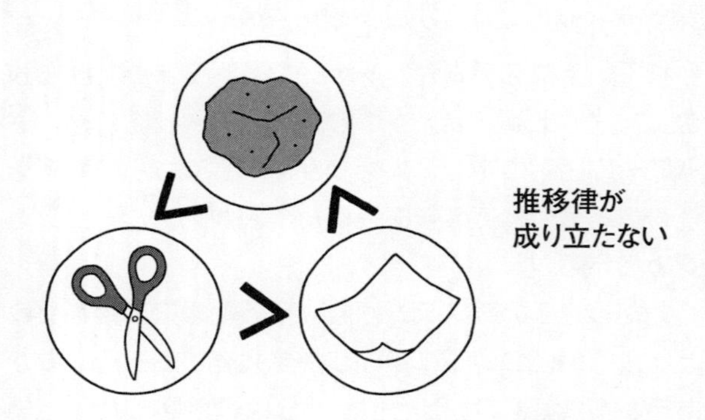

このようなことは、こと勝敗や好き嫌いの話においては割と起こりがちだ。

しかし、それを許してしまうと一番を決めることがそもそも無理になってしまうので、とりあえず推移律が成り立つことは全員認めましょう、とするのである。

トーナメントが推移律を前提に成り立つシステムだということを以下で見ていこう。たとえば、A～Hが参加するトーナメント戦の結果が下のように出たとする（図1）。

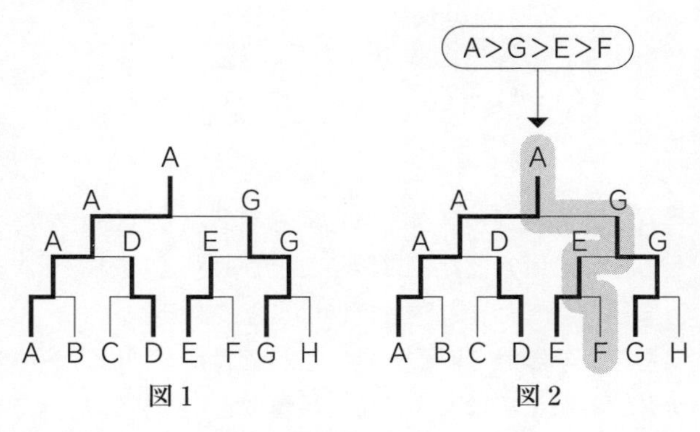

図1　図2

このとき、なぜ「Aはすべての人に勝った」と言えるのだろうか。勝敗の関係を不等号で整理してみよう。たとえば、図2のアミがけした部分を上から追いかけていくと、AはGに勝ち、GはEに勝ち、EはFに勝っていることがわかる。これは、

$$A>G>E>F$$

と書ける。ここで推移律を考えれば「A＞E（Aが

Ｅに勝った）」も「Ａ＞Ｆ（ＡがＦに勝った）」も成り立つ。このように、直接対決していないもの同士の勝敗を推移律が保証してくれる。同様に他の部分についても勝敗を不等号に置き換え、図にまとめてみよう。

H
1位　G > E > F
Ⓐ > D > C
B

Aは残り全員に
勝っている

Ａ以外の誰からスタートしても自分より強い人をたどっていけばＡにたどり着くことがわかる。これで「Ａは全員に勝った」と言っていいことになる。

さて、本題はここからだ。ここで考えたいのは**トーナメント戦における「２位」は誰か**という問題だ。先ほどと同様に推移律を基準に考えた場合、これは意外とやっかいだ。先ほどの図をもう一度見てみよう。

H
1位　G > E > F
Ⓐ > D > C
B
２位候補

通常は決勝戦における敗者、つまりGを２位とみなす。しかし、これを見るとGが勝ったと言えるのは「E、F、H」のみで、Gと「B、C、D」のあいだでは勝敗がついていないことがわかる。この時点で２位の可能性はG、D、Bに残されていることになるのだ。

ちなみにこの３者は「Aと直接対決して負けた人」であることに注意しておこう。

２位を決めるには、この３者で再びトーナメントを行なう必要がある。実際にそれを行なった結果が以下のようになったとしよう。

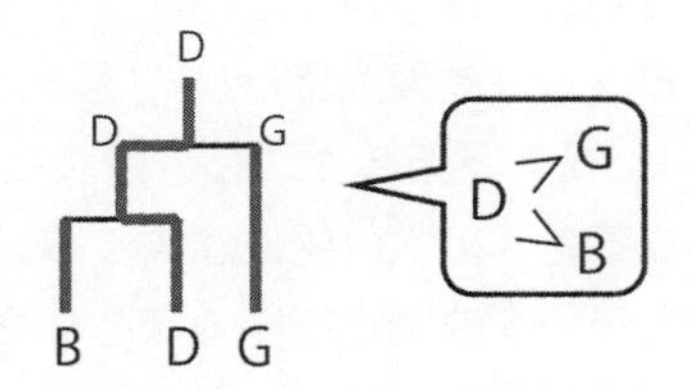

これでDの２位が確定する。確認のために不等式の図を作り直してみよう。

D＞Gであり、D＞Bであるから、先ほどの図と合わせると次のようになる。**確かにDはA以外の全員に勝っている**ことがわかる。

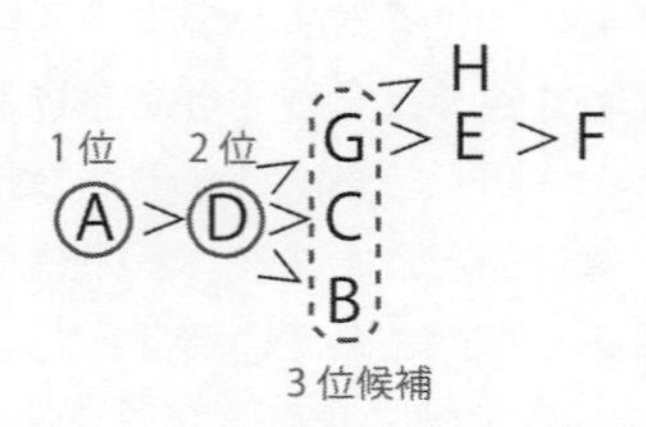

さらに3位を決定したければ、「Dと直接対決して負けた人」——つまりC、B、Gでトーナメントをすることになる。注意してほしいのは2位決定戦でDに敗れたBとGだけでなく、**最初のトーナメントでDに敗れたCも参加資格ができる**ことだ。

このように、現在順位が確定している人の中での最下位をXとし、「Xと直接対決して敗れた人」でトーナメントをするとXの次の順位が決まる。これをくり返せば全員の順位を決定していくことも可能である。

いずれにせよ言えるのは、数学的に正当な手続きで2位以下を決定するのは、かなり手間がかかるということ。だから通常は準決勝の敗者同士で戦って3位と4位を決め、準決勝の勝者同士で戦って1位と2位を決めるというやり方が落としどころなのであろう。

ただ、あるオリンピックのメダリストがこんなことを言っているのを聞いたことがある。

「オリンピックで一番気持ちの整理が付きづらいのは銀メダルなんです。メダリストの中で唯一『負けることによってオリンピックが終わる』からです」

なるほど、確かに敗れることによって得られる銀メダル、勝つことによって得られた銅メダルというのはいささか奇妙な逆転である。せめてもの解決策として、以下のような提案をしてみたい。

３位決定戦と決勝戦は今までどおり行なう。下図のように準決勝でＡとＤが勝ち、３位決定戦でＢが勝ったとする。決勝戦でＡが負けたら、これまで通り順位は「Ｄ＞Ａ＞Ｂ＞Ｃ」で問題ない。ただ決勝でＡが勝った場合はＢとＤは順位がつけられないことになる。

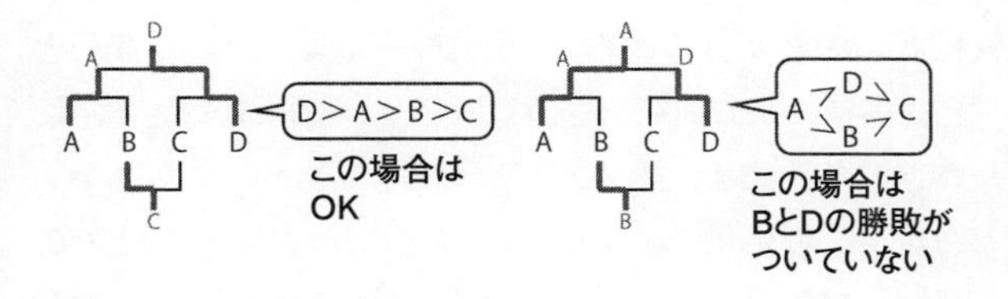

だからこのケースに限り、**ＢとＤを戦わせる「２位決定戦」をもう１試合組む。**これなら試合数も公平であるし、その勝者は晴れて「勝って」銀メダルを手にすることができるわけだ。

効率のよい「全順位決定」方式を考える

トーナメントは１位のみを決めるにはとてもシンプルで有効なシステムだが、すべての順位を決定するとなるとなかなか面倒くさいことがわかった。

ただ、最初から「すべての順位を決定する」ことが目的であれば、じつはもっと効率のよいシステムがある。それは「トーナメント」と「団体勝ち抜き戦」を組み合わせたような方法だ。

まず「団体勝ち抜き戦」について説明しておこう。これは格闘技の団体戦などに採用されることがある方式だ。たとえば４人からなるチーム同士が対戦するとき、各チームの中で「先鋒（せんぽう）、次鋒（じほう）、副将、大将」という順位を決める。

実際の試合のルールではこの順位は必ずしも強さの順番にする必要はないが、以下では**これを強さの順番（弱い者から強い者の順）である**と約束しておこう。

試合ではまず先鋒同士が試合をする。勝ったほうは試合場に残り、相手チームの次に順位の高い者と対戦する。これを必要なだけくり返して最終的にどちらかの大将が負ければ試合は決着する。

じつは、この方式で試合を行なうと、試合が決着したときに両チーム合わせた全員の強さの順位が決定するのだ。たとえばPチーム４人（A、B、C、D）とQチーム４人（E、F、G、H）で試合をするとする。下図において名前に添えられた数字はその人の強さを表しており、２人が対戦した場合、数字の大きいほうが必ず勝つとする。各チームはメンバーを強さの順に先鋒から大将へと並べておく。

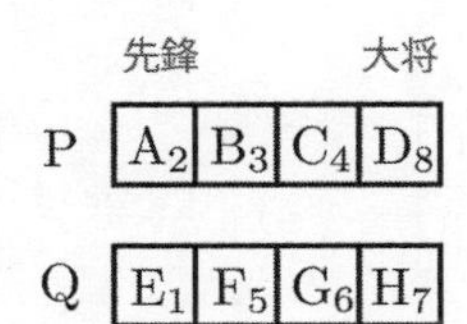

まず、両チームの先鋒（AとE）が対戦する。この場合はA（強さ2）が勝ち、E（強さ1）が負ける。負けた方は脱落者として脇に待機することにしよう。

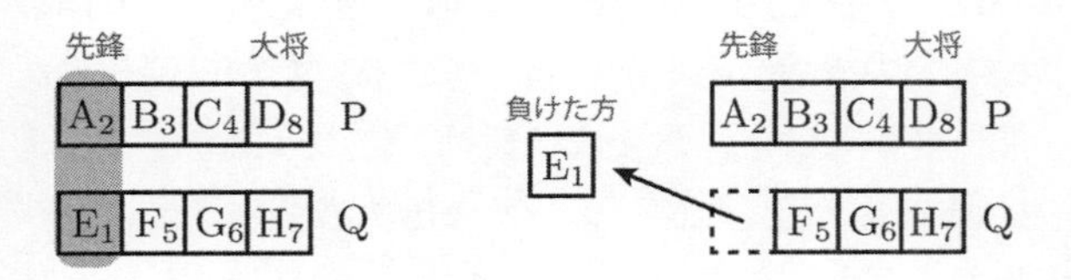

次に勝ったA（強さ2）と相手チームの次鋒F（強さ5）が対戦する。今回はFが勝ち、Aが脱落する。脱落者は、先の脱落者の右に並んでいくことにする。

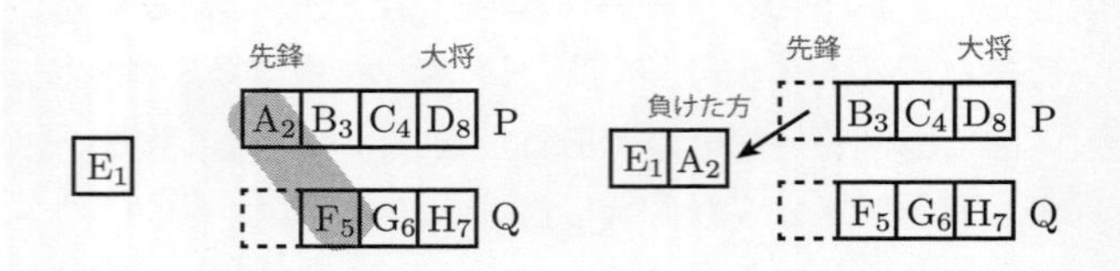

同様に対戦をくり返してみよう。

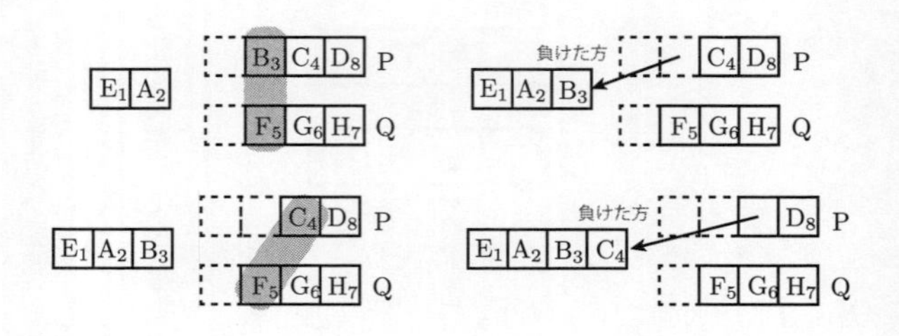

この方式で脱落するのは、常に「まだ脱落していない者の中でもっとも弱い者」である。だから脱落者を順に並べていき、最後まで負けずに残った者をこの列の最後尾に加えれば、メンバー8人が強さの順に並べられることになるのだ。

E_1	A_2	B_3	C_4	F_5	G_6	H_7	D_8

「順位を持った２つのチームが団体勝ち抜き戦を行なうことで、順位を持った１つのチームをつくることができる」というのがこの話の肝だ。いわば**２つのチームが合体**するわけだ。

以上をふまえて「すべての順位を決定する」対戦方式をつくってみよう。最初は「個」からスタートし、合体をくり返して、１つの巨大なチームをつくっていくというのが基本的なコンセプトである。

Ａ～Ｈの８人で戦うとして、まず通常のトーナメント表を用意する。先ほどと同様、下図において名前に添えられた数字はその人の強さを表しているとする。

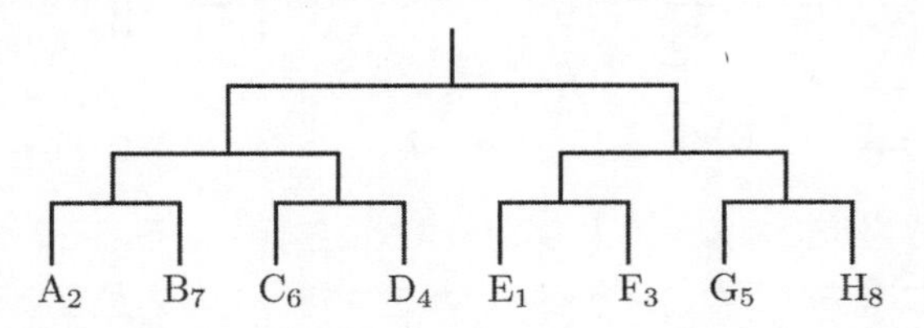

まず１回戦で「ＡとＢ」「ＣとＤ」「ＥとＦ」「ＧとＨ」が対戦する。その結果をふまえて順位をつければ、順位を持った２人からなるチームが４つできる。

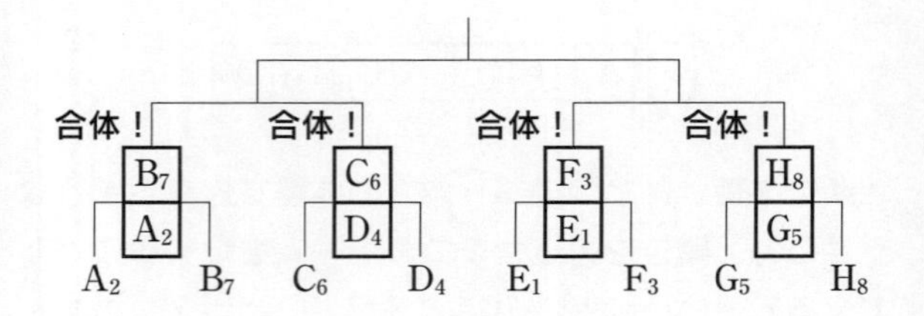

２回戦は２人と２人の団体勝ち抜き戦である。これにより２つのチームが合体し、順位を持った４人からなるチームができる。

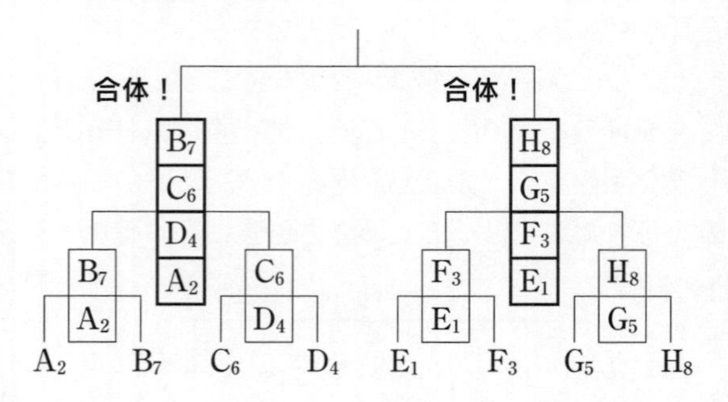

最後に４人と４人の団体勝ち抜き戦をする。この２つのチームが合体すると、順位を持った８人からなるチームができる。

これで当初の目的であった全員の順位が確定したことになる。

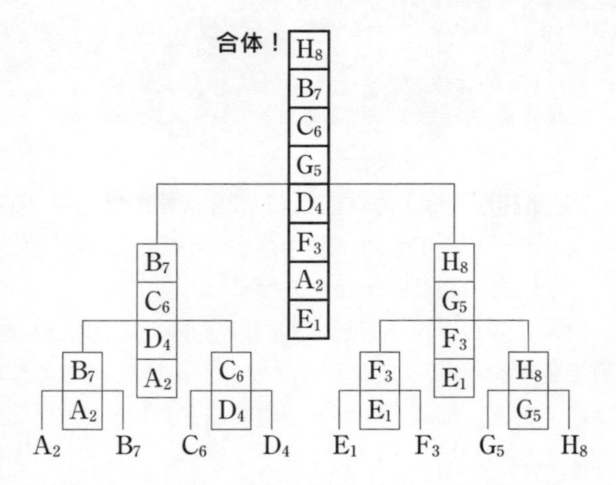

この考え方は参加人数が何人であっても使える。

団体勝ち抜き戦による「合体」は２つのチームの人数が違うときも問題なく機能するので、通常のトーナメント表をつくってしまえば、あとは各対戦を団体戦に置き換えればうまくいくのだ。

このように、単純な２つの比較をくり返してすべてをある特定の順番に並び替える手順のことを**ソートアルゴリズム**という。とくにここで紹介した手順は合体（マージ）をくり返すことで全体の並び替えを実現する方法で**マージソート**と呼ばれている。次項では、別の考え方によるソートアルゴリズムを紹介しよう。

あみだくじを「数学」する

阿弥陀籤と書くと妖怪封じの御札か何かかと思ってしまうが、じつはこれ、誰もが子供の頃に一度はやったことのある遊び。そう**あみだくじ**だ。

いま一度ルールを確認しておこう。まず、参加人数分の縦線を引き、そこに横線をランダムに付け加える。

このとき、横線の端が同じ場所に来たり、横線が縦線をまたいだりしてはいけない。縦線の下端にはゲームの景品などを書いておき、これはプレイヤーには見えないようにしておく。

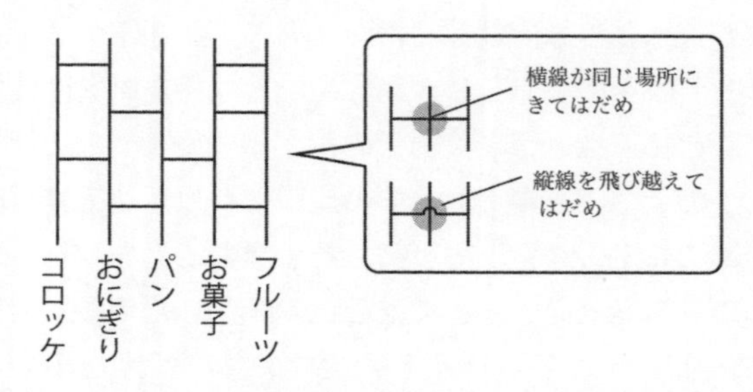

プレイヤーは縦線の上端のうち、異なる場所を1つずつ選ぶ。各プレイヤーは自分の選んだ線を下にたど

っていくが、このとき**横線があれば必ずそこで曲がらなければいけない**というのがあみだくじのもっとも大切なルールだ。

こうして下端にたどり着いたとき、そこに書かれている景品がプレイヤーのものになる。たとえば下図のあみだくじにおいてDが選んだところから下にたどれば、「おにぎり」に行き着くことになる。

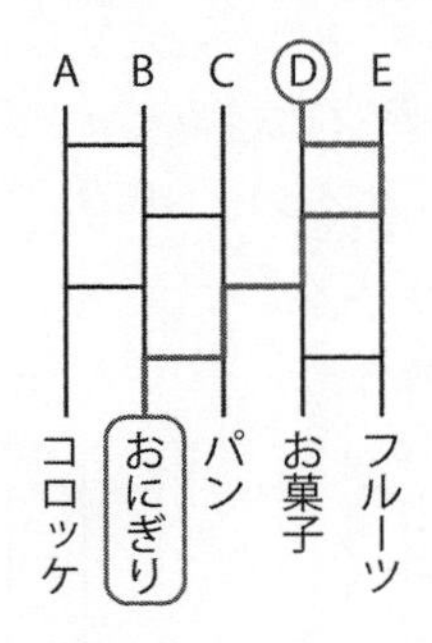

試しに、ほかのプレイヤーのところからもあみだくじをたどってみてほしい。Aはフルーツ、Bはパン、Cはコロッケ、Eはお菓子にたどり着く。

面白いのは全員がちゃんと別々のゴールにたどり着くというところである。子供心にも僕はこのことが不思議でならなかった。**どうして異なるプレイヤーが同じ場所に到達することは起こらないのだろうか。**

この疑問を突きつめていくと、あみだくじと数学の面白いかかわりが見えてくる。以降、この疑問を解決する２つの考え方を紹介しよう。

まず１つ目は、**あみだくじを「逆にたどる」と何が起こるか**を考えることだ。下図左のようにスタート***a***からゴール***p***に向かう１つの経路があったとする。このとき、逆に***p***から始めて上に線をたどってみるとどうなるだろうか。もちろん逆走するときもあみだくじのルールに従う。これは***a***から***p***までの経路を逆走するのと同じこと（下図右）なので、結局は最初のスタート地点***a***に戻ることとなる。

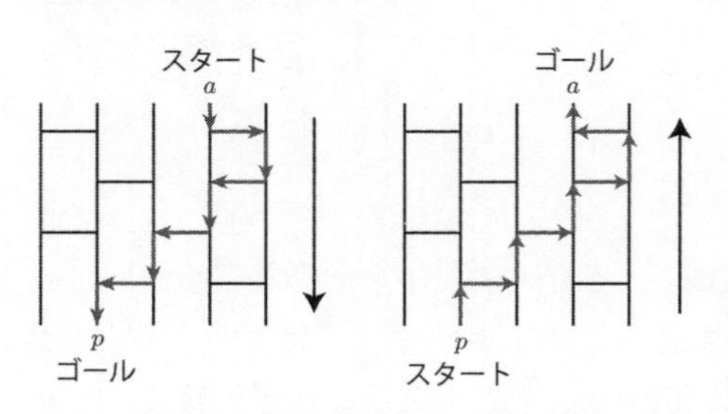

さて、ここで仮に**「ある２人のプレイヤーが同じ場所に到達した」**としてみよう。たとえば次ページ上図の***a***、***b***からスタートした人が、ともに***p***にたどり着いたとしてみる。

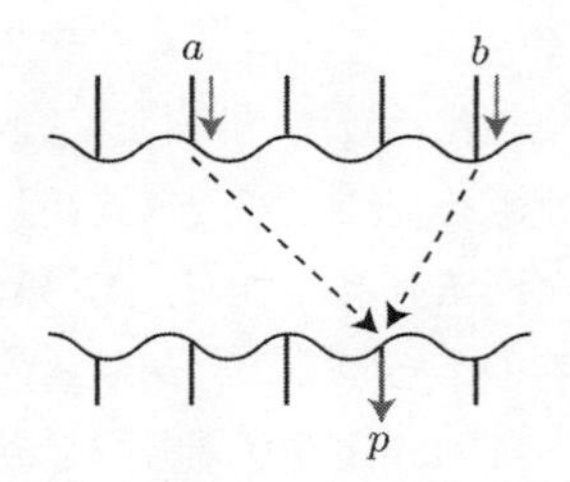

では、このあみだくじをpから逆にたどったらどうなるだろうか。先ほどの理屈を考えればaにもたどり着くし、bにもたどり着く。つまり、**あみだくじのゴールが２つ存在する**ことになる。これは不条理だ。

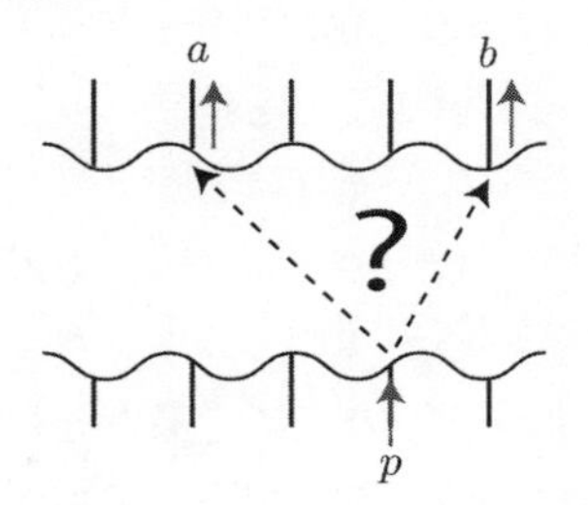

なぜ、こんな不条理が起こったのか。それは最初**「ある２人のプレイヤーが同じ場所に到達した」**と仮定したことに問題があったとしか考えられない。ここから得られる結論は**「ある２人のプレイヤーが同じ場所に到達することは起こらない」**ということだ。

この論法の面白いところは「Ａが起こらない」ということを説明する代わりに「Ａが起こったとしたら不条理なことが起こる」ということを説明するところだ。この論法を**「背理法」**という。

背理法は数学のあらゆるシーンで活躍するとても重要な論法だが、証明の仕方が間接的なので難しく感じる人も多いようだ。ところが、この間接的な証明を私たちがすんなり受け入れている例がある。ミステリー小説で使われる「アリバイ」だ。

勘違いしている人が多いが、アリバイの本来の意味は**「不在証明」**。ある人物が犯行時刻に犯行現場に「いなかった」ことを示すことを指す。

しかし、ドラマなどで容疑者がアリバイを主張するときは決まって「自分がその時刻に別の場所にいた」ことを説明している。

どうしてこれがアリバイになるかというと「もし私が犯人であれば、同じ時刻に２つの場所に同時にいたことになります。それは不可能ですよね」という理屈が成り立つからである。

つまり、アリバイ証明も立派な間接証明であり、基本的な考え方は背理法と同じなのだ。

では、次に２つ目の考え方を見てみよう。何かを分析するときの常套(じょうとう)手段は**もっとも単純なものを考えてみる**ことだ。そこで下図のような「たった１本しか横線がないあみだくじ」を考えてみる。

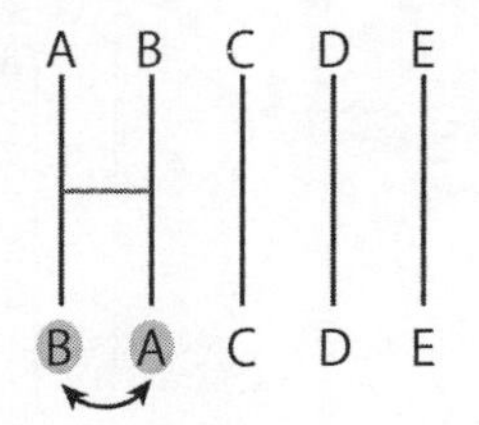

横線を１本引くと
隣り合う２つが入れ替わる

これでわかるのは、１本の横線は**「隣り合う２人のプレイヤーの位置を入れ替える」**という操作に対応しているということだ。

普通のあみだくじを、この単純なあみだくじに分割することを考えよう。最初に書いたあみだくじ（次ページ左図）をどの横棒も水平に並ばないように書き直してみるのだ。

それは少し横線を上下にずらすことで簡単にできる。さらに横線の間を点線で区切ってみる（次ページ右図）。点線によってこのあみだくじは８つのパートに分けられ、それぞれのパートは横線を１本しか含まない「もっとも単純なあみだくじ」になっている。

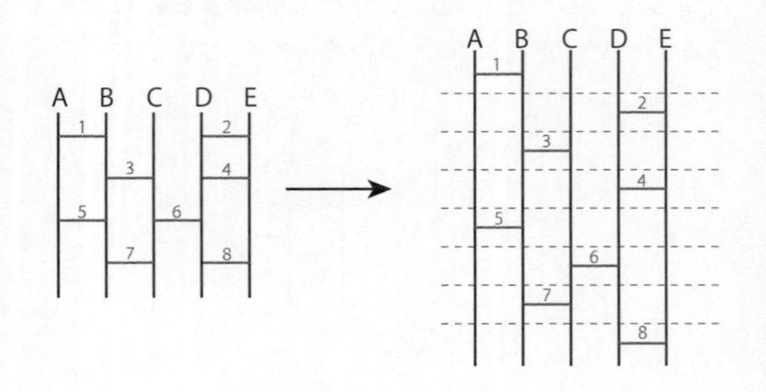

各パートでは必ず「隣り合う２人のプレイヤーの入れ替え」が行なわれる。

「ABCDE」の並びが最初のパートで「BACDE」となり（ＡとＢの入れ替え）、次のパートで「BACED」となる（ＤとＥの入れ替え）。点線上にその入れ替えの結果を随時書き入れてみると次ページのようになる。

あみだくじというものの本質が少しずつ見えてきたのではないだろうか。

結局のところ、あみだくじとは**「隣り合う２人のプレイヤーの入れ替えのくり返し」**なのである。この立場にたてば、あみだくじにより２人のプレイヤーが同じ場所にこないことは、もはや当たり前と言っていいだろう。

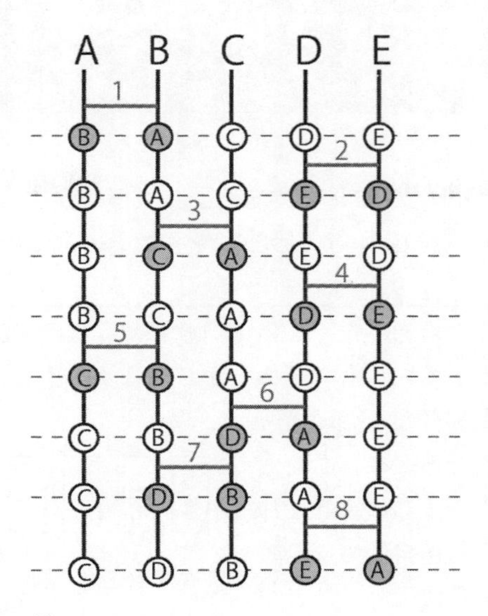

さて、勘（かん）がいい人は「あみだくじ」というものが前の項で紹介した「並び替え（ソート）」に深くかかわっていることに気がついたのではないだろうか。

またしても現れた予想外のつながり。次項では、あみだくじから派生するもう１つのソートアルゴリズムについて考えてみよう。

“接待あみだくじ”とバブルソート

政治家もビジネスマンも必読。接待あみだくじの話である。次のような問題設定を考えてみよう。

あなたはあみだくじの主催者で、５人の参加者がほしがっているものをあらかじめリサーチしておいた。参加者がくじの場所を選んだあとに、あなたはあみだくじに横線を加え、全員が自分の望みの景品を手に入れることができるようにしたい。そのような横線の引き方は必ずあるだろうか。

また、あるとしたら、どのように横線を引けばいいだろうか。

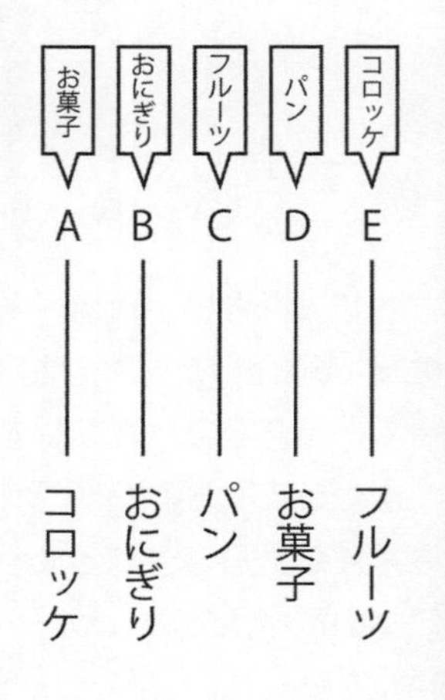

要するに「あみだくじの結果を自分の望みどおりにコントロールできるか」という話である。たとえば5人の好みが前ページの図のようになっていた場合、横線をうまく引いてそれぞれを然(しか)るべきゴールに導くことはできるだろうか。

これがなかなか難しい。仮にできたとしてもあまり時間をかけすぎれば、参加者にあなたの意図がバレてしまう。だから、どんな状況にも対応できる手続き、つまりアルゴリズムが必要となる。

話をシンプルにするために、景品も参加者も数字に置き換えてしまう。あみだくじの下部には1、2、3、4、5と順に並べておき、上部には1～5の数をランダムに並べておく。

このとき対応する数字がきちんと結ばれるような横線の引き方を考えることになる。

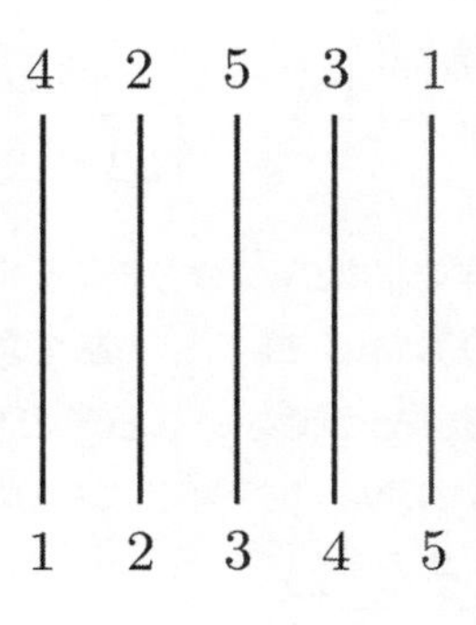

ここで、あみだくじにおいて横線を引くことは**「隣り合う2つの数の交換」**を意味していたことを思い出して

ほしい。つまり、この問題を単純化してしまえば、次のような話になるのである。

ランダムに並んだ数を「隣り合う２つの数の交換」をくり返すことで、大きさの順番に並び替える手続きを考えよ。

そう、まさにこれは「ソートアルゴリズム」の問題なのだ。そしてこの用途にぴったり当てはまる**「バブルソート」**と呼ばれるアルゴリズムをこれから紹介したい。下図のように①〜⑤の５つの枠があり、そこにランダムな順番で１〜５までの数が入っているとする。これを「1、2、3、4、5」と大きさの順に並び替えるのが目的である。

①	②	③	④	⑤
4	2	5	3	1

まず左端の①②の枠に注目する。注目した枠に並ぶ２つの数について、**「左の数のほうが大きいならば交換し、そうでないならそのままにする」**という操作を行なおう。この例では左の数のほうが大きいので交換を行なう。

次に、注目する枠を１つ右にずらして②③の枠について同じ操作を行なう。この例では右の数のほうが大きいので、そのままにする。

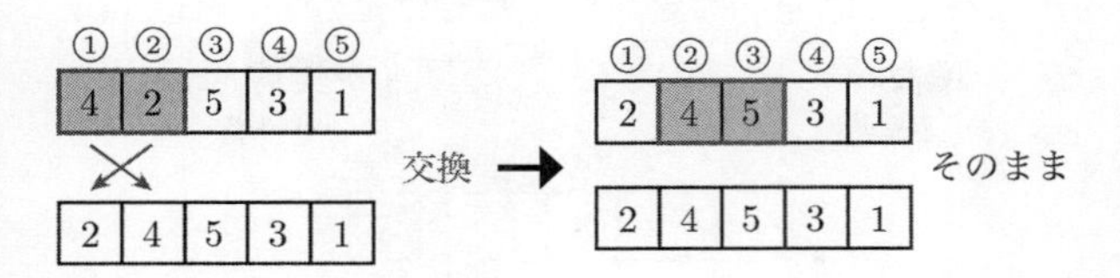

同様の操作を、枠を1つずつ右にずらしながら右端まで行なう。この一連の作業をStep 1 としよう。Step 1 での数の動きを（すでに見たものも含め）1つの図にまとめると、次のようになる。

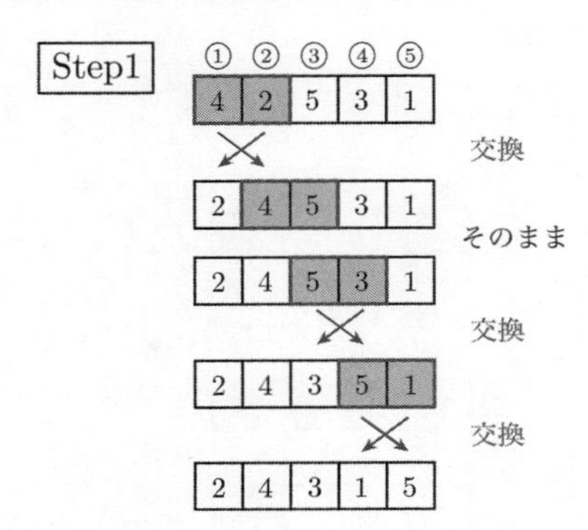

注目してほしいのはStep 1 が終了した段階で5は必ず右端にあるということだ。5はすべての数の中で

一番大きいので常に自分の1つ右側の数と交換され、結果右へ右へと追いやられる。

これで5は目的の場所に来たわけだから、あとは5を除いた「残り4つの数の並び替え」を考えればよい。

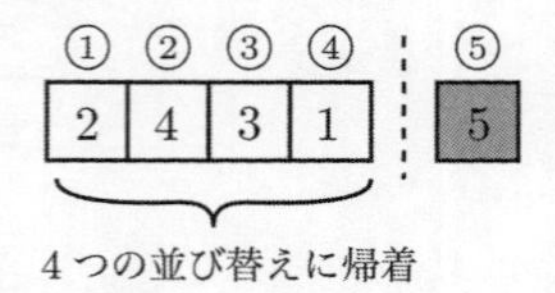

そこで、Step 2では①〜④の4つの枠について、先ほどと同じことを行なう。左端の2つの枠からスタートし、あとは枠を1つずつ右にずらしながら右端まで操作を行なう。

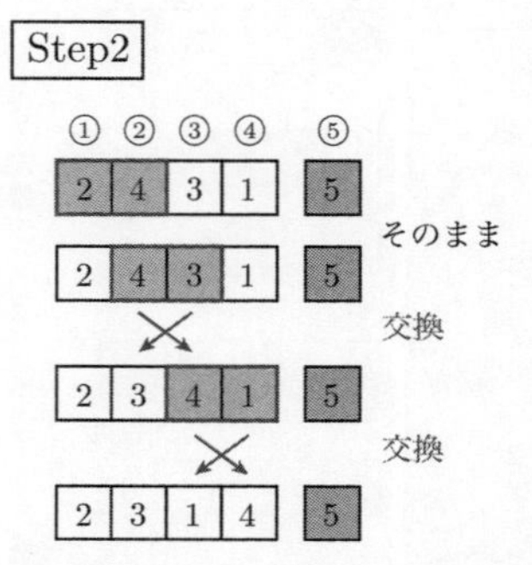

先ほどと同じ理屈で、Step 2が終了した時点で4が右端に送られる。これで4も目的の場所に来たこと

になる。あとは同じ要領だ。Step３では①〜③の３つの枠について同じ作業を行なう。これで３が右端に来る。Step４では①②の２つの枠について同じ作業を行なう。これで２が右端にくる。必然的に１は左端となり、並び替えは完了する。

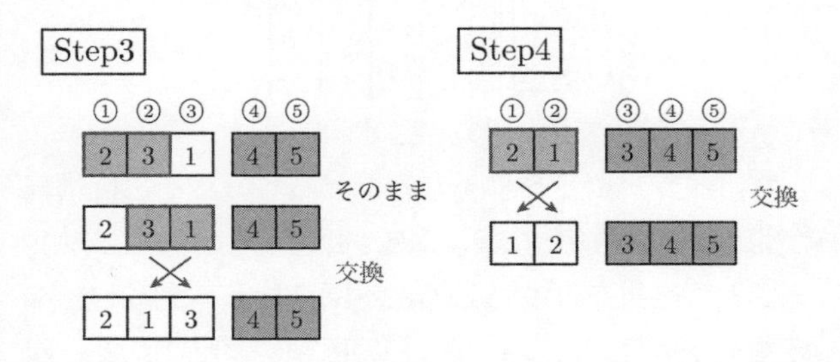

初期状態によっては、たとえばStep１が終わった段階で５だけでなく４も目的の場所に来ている、なんてこともあるだろう。そのときは単にStep２を飛ばしてStep３に進めばよい。

とにかく最大で４＋３＋２＋１＝10回の大小比較をすれば、必ず大きさの順に並び替えることができる。

話をあみだくじに戻そう。あみだくじでは横線を引くことで交換が行なわれる。バブルソートにおける計10回の交換ポイントが、次ページ上の図の点線に対応している。

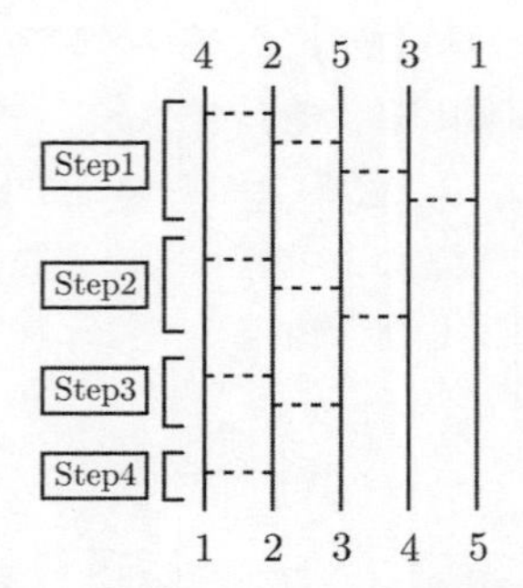

各ポイントで「交換」が行なわれれば、そこに横線が引かれ、「そのまま」であった場合は何もしない。先ほどの結果を反映させると下図になる。完成したあみだくじは確かに全員が自分のほしい景品にたどり着けるものになっていることを確認してみてほしい。

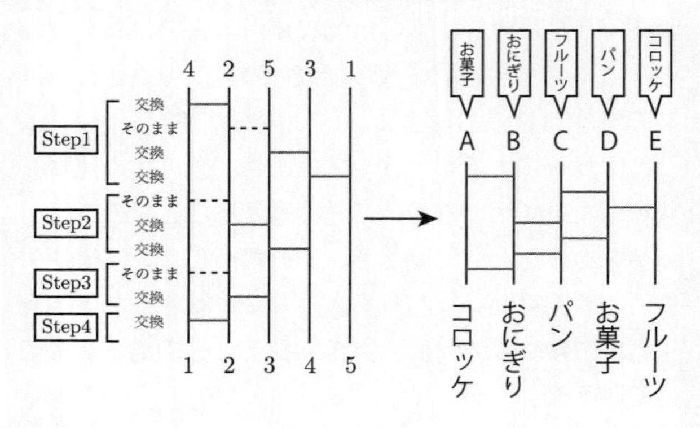

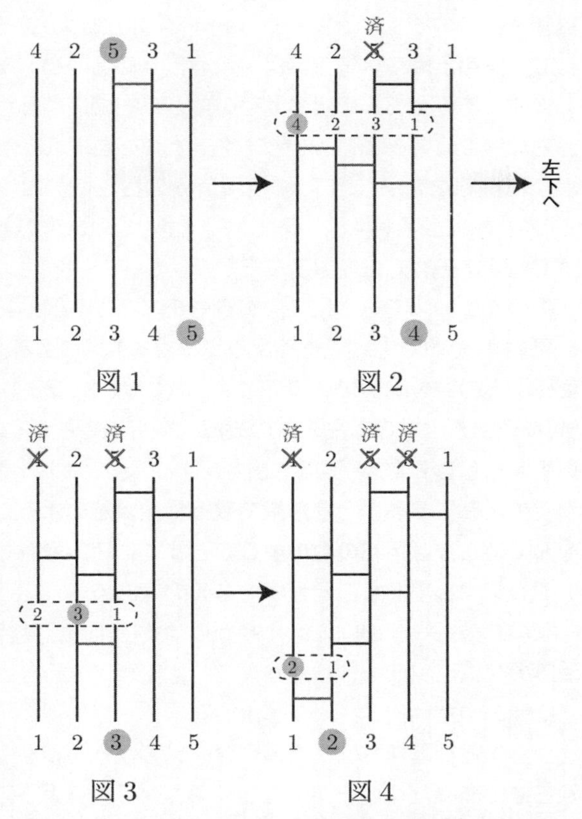

これで解決はしたのだが、冒頭の問題設定のように
その場で横線を書いていく場合、バブルソートの途中

過程を頭の中でシミュレーションするのは難しい。そこで、実用上は前ページの図のようにするといい。

まず、あみだくじの上の並びの中から右端にくるべきもの（この場合は5）を見つけ、それを右端に送るように横線を書く（図1）。使用済みの数を除いた4つの数（この場合は4、2、3、1）は、そのままの並びで左4本の縦線に割り当てられる。

この4つの中で右端にくるべきもの（この場合は4）を見つけ、それを右端に送るように横線を書く（図2）。使用済みの数を除いた3つの数（この場合は2、3、1）は、そのままの並びで左3本の縦線に割り当てられる。以下くり返しである（図3、図4）。

このようにすると、**各段階で残った数がどのように並んでいるかは最初の数の並びからすぐに読み取れる**ので、記憶しておくことがなくなるのである。

なお、前ページの図では、わかりやすいように使用済みの数にバツ印をつけたが、これは実際には行なわずに頭の中だけでイメージしよう。

きちんと練習すれば、上の並びを見てから10秒もかからずにあみだくじを完成させることができるようになる。社会人としての必須スキルとして、しっかりとマスターとしておきたい。

ビジネスホテルの蛇口はなぜ水量調整しにくいのか

人生には「蛇口（じゃぐち）」と格闘しなければならない場面が何度か訪れる。

初めはプールの時間。目を洗浄するあの二股（ふたまた）の蛇口だ。ちょろちょろとしか水が出ていないと思って、ぐっとハンドルをひねると、突然ものすごい勢いの水流が目に飛び込んでもんどりうつことになる。

「ほどよい」水圧にするためには、ぐっと手に力を込めて、ミリ単位でハンドルをひねる高度な技術が必要となる。

大人になれば、もう蛇口に振り回されることはないかと思っていたが、人生はそう甘くはない。みなさんは赤色と青色の２つのハンドルがついた蛇口を見たことがあるだろうか。

赤をひねると熱湯が、青をひねると水が出てきて、それが中央の蛇口で１つになるもので、昔は家庭のお風呂場でも銭湯でも当たり前に使われていた記憶があるが、近年はほとんど見かけなくなった。

ところが、この絶滅危惧種がなぜかいまだに大切に保護されている場所がある。「ビジネスホテル」だ。

この蛇口のやっかいなところは「水圧」と「温度」という２つの要素が絡（から）んでくるところだ。たとえば、シャワーを浴びるとしよう。赤と青のハンドルをうまく回すことで「ほどよい水圧」と「ほどよい温度」をつくらないといけないのだが、この２つを両立させることが難しい。

先に注意しておくが、ビジネスホテルの赤のハンドルをひねって出てくるお湯はかなり熱い。だからまず、青のハンドルをひねって水から出すのが大原則だ。そこからじょじょにお湯の量を増やして「ほどよい温度」になるようにする。

ところが、せっかく温度はちょうどよくなっても水圧が全然足りずに水がちょろちょろとシャワーのノズルを這（は）うように出ていたりする。

「ほどよい水圧」にしようと両方のハンドルを同時に動かしていくと、急にとんでもなく熱いお湯がノズルから飛び出してくる。あわてて水を増やす。すると今度は、水圧が強くなりすぎる。最終的には、滝に打たれる修行僧のようなシャワーを浴びるはめになるのである。

なぜ、このタイプの蛇口は調整が難しいのか。それはグラフで見るととてもわかりやすくなる。

グラフの横軸（x軸）に水の分量、縦軸（y軸）にお湯の分量をとると、**「水温」はxとyの比で決まる**から、グラフ上の点と原点（O）を結ぶ直線の「傾き」に対応する。

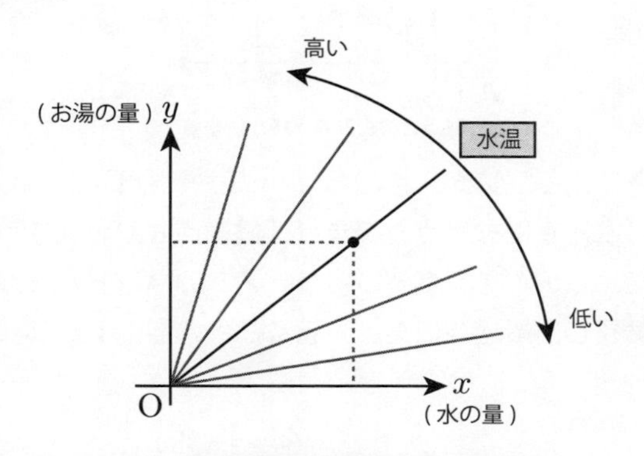

原点と結ぶ直線の傾きで水温が決まる

直線の傾きが大きいほどお湯の割合が増えるので、水温が高く、直線の傾きが小さいほど水温が低いのである。

一方、**「水圧」はお湯と水の量の和で決まる。**原点Oから離れるほどxとyの和は増えるから（厳密には少し違うが、話を簡単にするために）、原点との距離が水圧を表していると考えて問題ないだろう。

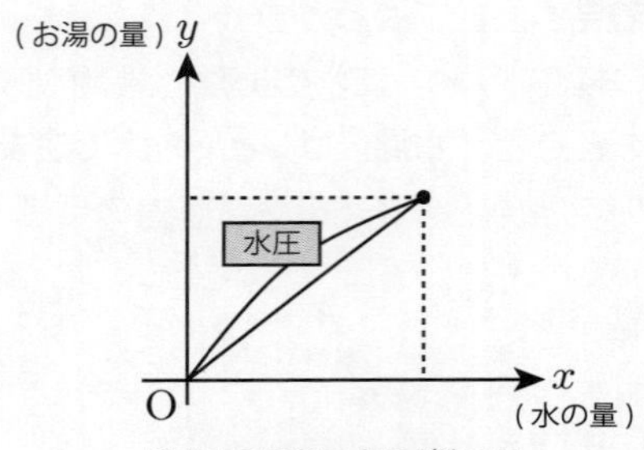

原点との距離で水圧が決まる

さて、このグラフ上には、シャワーに最適の「水温」と「水圧」になる点、つまり**「最適点」**が存在するはずだ。この点を**S**点としよう。２つのハンドルをうまく調整し、最適点にたどり着くことが目的である。

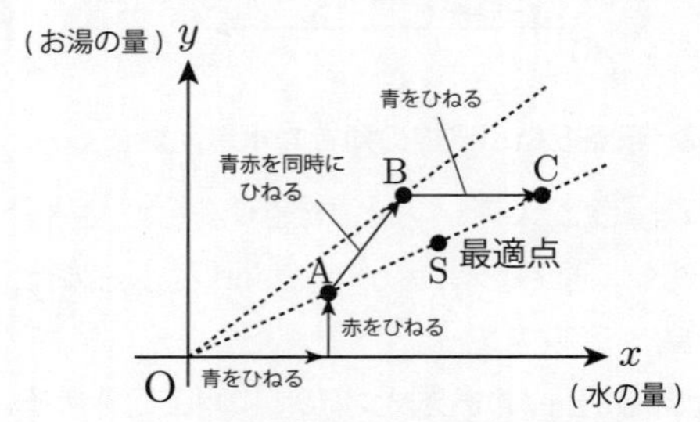

A：水温はちょうどいいが水圧が足りない
↓
B：水圧はちょうどいいが水温が高すぎる
↓
C：水温はちょうどいいが水圧が強すぎる

最初に出す水の量が少なすぎると「水温」はちょうどいいが「水圧」が足りない、という図の**A**点に到達する。

ここから「水圧」を最適にしようと両方のハンドルを同じ分量だけ回す。それで**S**点に到達すると錯覚してしまうが、じつはそうではない。実際は図の**B**点になり、「水温」が上昇してしまう。

ここから「水温」を最適にしようと水の分量を増やすと図の**C**点になり、「水圧」が**S**点よりはるかに多くなる。

ここからはっきりわかるのは、「水圧」と「水温」を調整するのに「水の量x」と「お湯の量y」という２つのパラメータを調整するというしくみは、じつはとても不便であるということだ。

近年の新しい蛇口のハンドルは下のイラストのような形をしており、ハンドルを左右にひねることで水温を、ハンドルを上下に上げ下げすることで水圧を調整できるようになっている。これは先ほどのグラフ

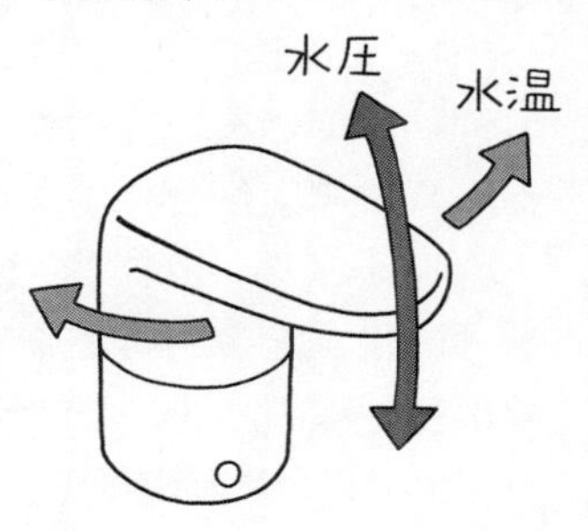

で言えば、右図における角度 θ と原点との距離 r をとって「水温 θ 」と「水圧 r 」という２つのパラメータを独立して調整できるしくみをとっているわけだ。

これは x と y を調整するのに比べて、はるかに合理的なしくみである。

ちなみに平面上のある点を **x と y の組み合わせで指定する方法を「直交座標」、θ と r で指定する方法を「極座標」** という。

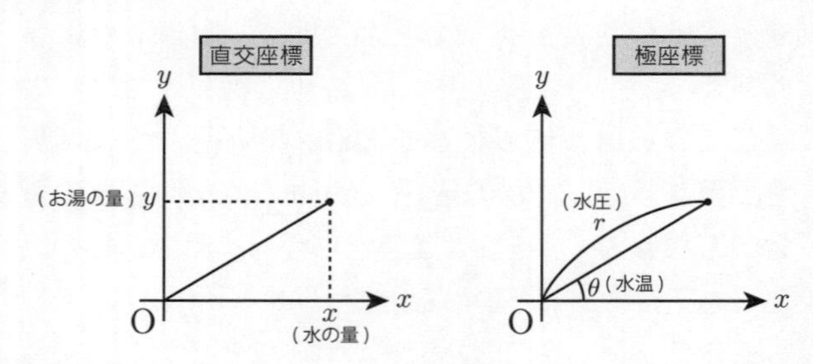

それぞれの蛇口に「直交蛇口」「極蛇口」と名付けるのはなかなか言い得て妙ではないかと我ながら思うしだいである。

それにしても、数学の授業でよく口にすることがある「問題に対して適切な座標系をとる」ということの大切さが、こんな身近な例から感じ取ることができるというのはなかなか面白いものだ。

無意識がつくりだす「秩序」の不思議

僕がよく通っている喫茶店には、下のイラストのようにカウンター席が５つ並んでいる。説明のために左から１番、２番……５番と番号を振っておこう。

さて、あなたはこの喫茶店に１人でやってきたとしよう。まだ空(す)いていて、すべての席に座れる状態だ。もちろん、どの席に座ろうとあなたの自由だが、じつは**このあとにやってくるお客さんのことを考えた場合、「座らないほうがいい席」がある。**それはどの番号の席だろうか。少し考えてから読み進めてほしい。

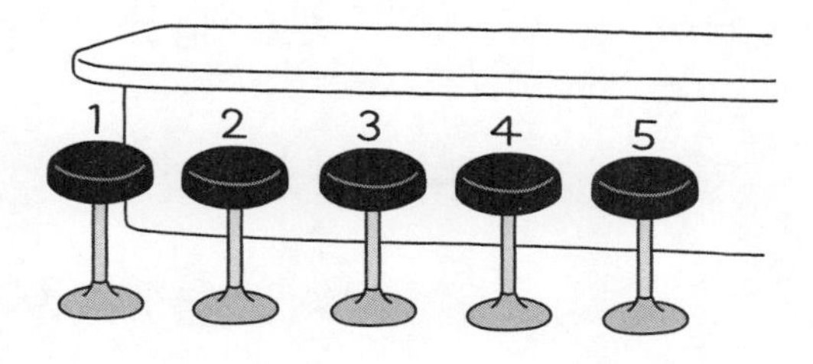

答えは２番と４番だ。

こういう横並びのカウンター席では、「誰かの隣」の席に座ることは極力避けたいという心理が働く。誰にとっても見ず知らずの人がすぐ近くにいるという状態は居心地(いごこち)が悪いものだ。それをふまえて、答えに至るまでの経緯を考えてみよう。

最初にあなたが３番に座ったとすれば、次に来た人はあなたの隣を避けて１番（もしくは５番）に座るだろう。３人目に来た人は２人目の反対側の５番（もしくは１番）に座る。

４人目以降が来ればもうあきらめるしかないが、少なくとも３人目までは、全員が居心地よく座ることができるわけだ。

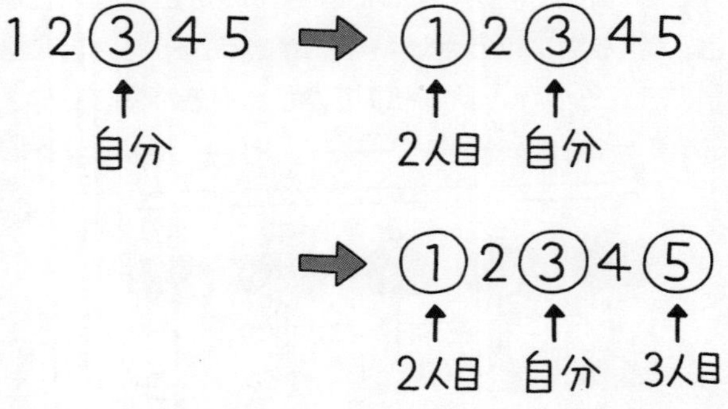

1 2 ③ 4 5 ➡ ① 2 ③ 4 5
↑ 自分 ／ ↑ 2人目 ↑ 自分

➡ ① 2 ③ 4 ⑤
↑ 2人目 ↑ 自分 ↑ 3人目

最初にあなたが１番に座った場合も、次に来た人が３番（もしくは５番）に座り、３人目に来た人は５番（もしくは３番）に座ることで同じ状態が自然につくられる。最初に５番に座った場合も同様だ。

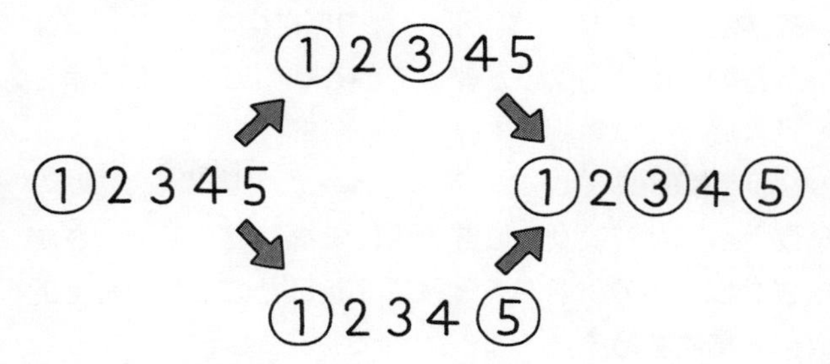

ところが、最初にあなたが２番に座ったらどうなるだろうか。次に座る人はあなたの隣を避けて４番、または５番の席に座るだろう。

しかし、このいずれの場合も３人目が来た時点で「詰み」だ。３人目はどこに座っても、誰かの隣に座らざるをえないという状況が生じてしまう（最初に４番に座っても同じことが起こる）。

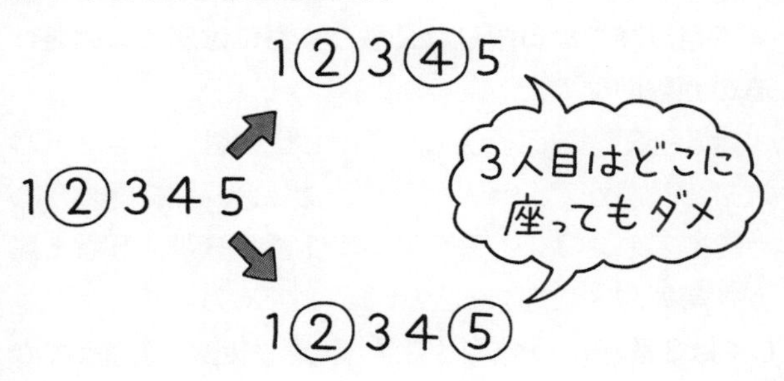

これにかんしては苦(にが)い経験がある。ある日、僕が喫茶店に入ったとき、すでに２番の席に中年のおじさん、５番の席に若い女性が座っている状態で、僕が不幸な３人目となった。

空気の読めていないおじさんを心の中で呪いつつ、僕としては若い女性に最大限に気をつかって、わざわざおじさんの隣である３番に座ることにした。紳士的自己犠牲である。

ところがそのしばらくあとに、５番の若い女性が席を立ち、店を出てしまったのだ。これは考えうる最悪の展開だ。想像してほしい。５人席なのに、なぜか２人隣り合って座るおじさんと僕。そして、喫茶店に流れるいたたまれない空気を。

このような悲劇を二度とくり返さないように、しっかりと肝(きも)に銘(めい)じてほしい。このような席では、**自分が４人目以降でない限りは２番、４番には座るのは避けるのが鉄則**なのだ。

ところで、ここで注目してほしいのは、全員がそれなりの配慮ができる人間であった場合、別に示し合わせなくても、３人が来た時点で**１番、３番、５番と席が「等間隔」に埋まる**ということである。

もっと規模の大きな例としてよく知られているのが

京都鴨川(かもがわ)の**「カップル等間隔の法則」**だ。

京都の繁華街近くにある鴨川には、夏になると多くのカップルが集まり、川辺に座るのだが、そのカップル同士の間隔も、まるで定規で測ったように等しくなるのだ。これは「どのカップルもすでに座っているカップルからなるべく距離をとって座ろうとする」という行動原理を設定すると数学的に説明できる。

１組ずつカップルが川辺にやってきて座っていくという状況を考えてみよう。下の図のように、２組のカップルがすでに座っていたところに３組目のカップルが来た場合、２組のカップルのどちらからもなるべく遠い場所に座ろうとすれば、必然的に２組の「ちょうど中間」に座ることになる。これで３組が等間隔に並ぶことになる。これが**第１段階**。

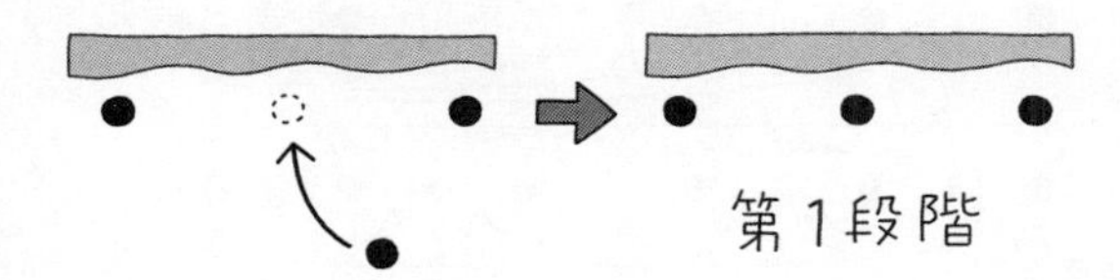

同じ行動原理から、４組目のカップルは１組目と３組目のカップルの真ん中に、５組目のカップルは３組目と２組目のカップルの真ん中に座る。これで５組は等間隔に並ぶことになる。これが**第２段階**だ。

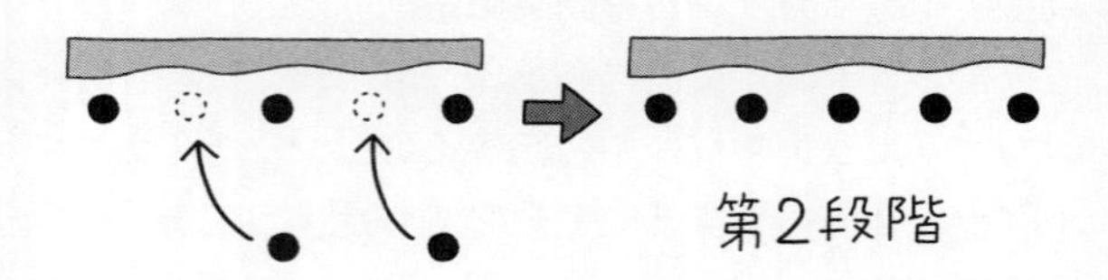

以降、新しく来たカップルはもっとも間隔の広いカップルのちょうど真ん中を選んで座っていく。**第３段階**では９組が、**第４段階**では17組が等間隔に並ぶ。

これをくり返してカップル間の距離が３〜４ｍになれば、距離が近すぎて新たにそのあいだに座ろうとするカップルはいなくなる。言わば**「飽和状態」**だ。このようにして誰と示し合わせたわけでもない「等間隔」が実現するわけである。

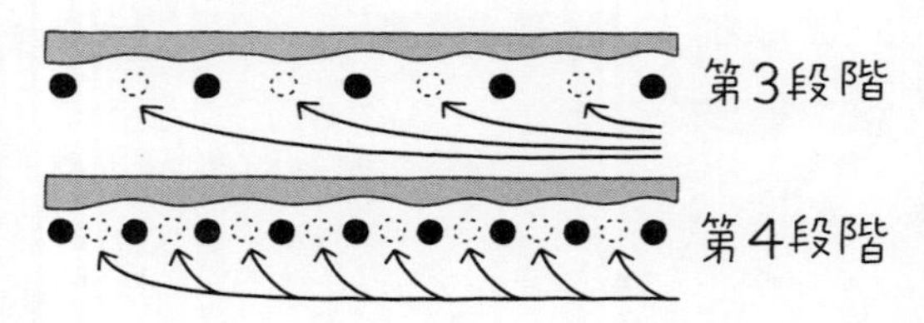

他者と群れようとしながら、一方では距離を置こうとする。相反する不思議な行動原理が、全体的な秩序を生む、ということがあるのは、とても興味深いことのように思える。

ロボット掃除機の合理的な形を探る

扇形を３つ組み合わせたような図形を「ルーローの三角形」と呼ぶ。この図形は、どのように角度を変えて測っても幅が変化しない**定幅図形**。同じ性質を持つ図形は円がおなじみだ。

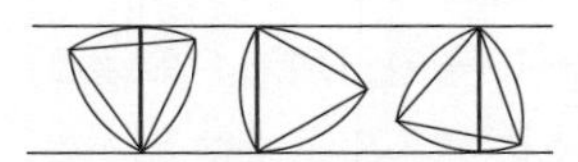

図形がどのような角度のときも
地面から天辺までの距離は変化しない

さて、今やおなじみとなった「ロボット掃除機」は通常「円形」をしている。これは幅ぎりぎりのスペースに入ったときでも、方向転換できるようにするためだ。ここに角度を変えても幅のサイズが変わらない「定幅図形」の性質が生きている。もし、掃除ロボットが四角形なら、自分と同じ幅のスペースに入ってしまったとき、身動きがとれなくなってしまう。

「定幅図形」であればいいということであれば、

掃除機の形状は円形以外に「ルーローの三角形」でもかまわないことになる。

問題は「ルーローの三角形」が「円」に対して明確な利点があるかどうかなのだが、じつはこの場合、それがある。

下図のように「円」と「ルーローの三角形」を部屋の角で回転させてみよう。掃除された範囲を見れば**「ルーローの三角形」のほうが「円」よりも広い範囲をカバーできている。**ホコリのたまりやすい隅まできちんと掃除できるのだから、これは、掃除機としてはっきりとしたメリットだ。

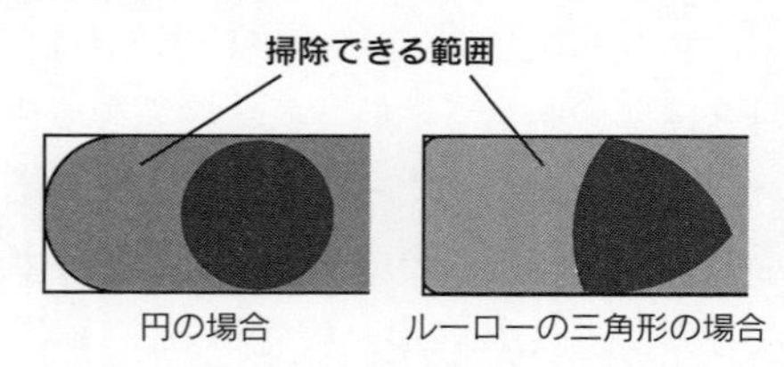

実際、この形の掃除機は実用化されている。長らく数学の教科書のなかだけでくすぶっていた「ルーローの三角形」がいよいよ本格的にメジャーデビューを果たすのかもしれない。

4章

その魅力に興奮する数学のはなし

「直線が描きだす曲線」の芸術

まず、下の図をご覧いただこう。

まるでコンピューターグラフィックスを使って描(えが)いたような奥行きのある図形であるが、じつはこの図には秘密がある。タネを明かすと、なんとこれ**「直線だけを使って描かれている」**のだ。

しかも、コンピューターなど使わなくても、定規１本あれば手書きできる。論より証拠。以下に描き方を説明しよう。

まず、２つの軸を描き、そこに等間隔に目盛りを入れる。そうしたら、縦軸の上端と横軸の左端の目盛りを線で結ぶ。そこから縦軸の目盛りは１つずつ下に、横軸の目盛りは１つずつ右にずらしながら、次つぎに線で結んでいく。

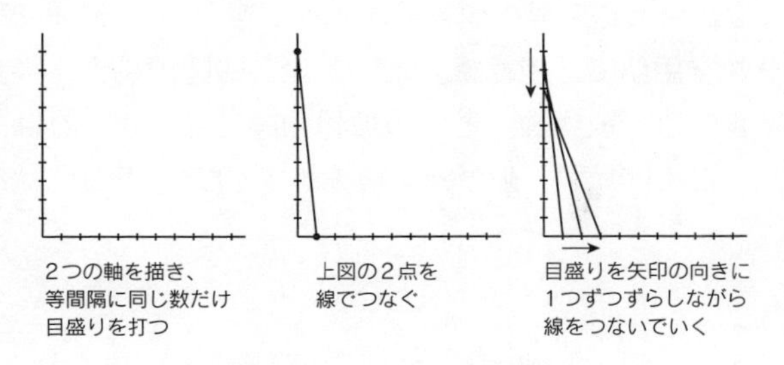

すべての線を引いたのが下左図である。

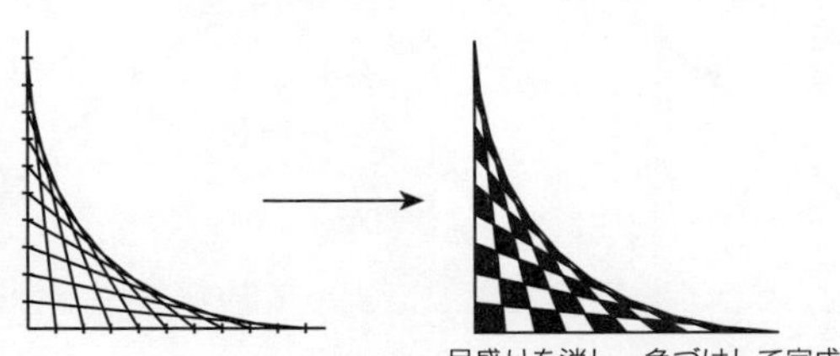
目盛りを消し、色づけして完成

仕上げにチェッカーボードのようにマスを塗りつぶしていけば最初の絵が完成する。

この絵の面白いところは、何といっても直線の重ね合わせにより、その稜線（りょうせん）になめらかな「曲線」が浮かび上がってくるところである。

実際にはこれは「曲線」ではなく10本の直線によって構成されている「折れ線」なのだが、人間の脳は、ここにどうしてもなめらかな曲線を見てしまう。

このように直線の集まりによって浮かび上がる曲線を数学用語で**「包絡線（ほうらくせん）」**という。この図の場合、「包絡線」は**「放物線」**という数理曲線になる。これは、空中に投げたボールが描く軌跡としておなじみだ。

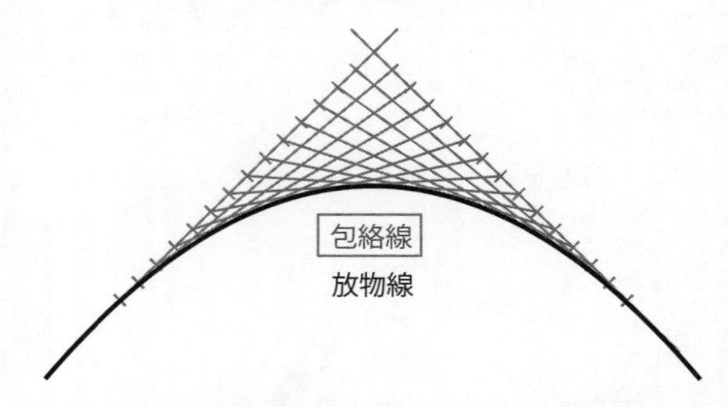

同じように直線の集まりによって放物線を浮かび上がらせる面白い方法を紹介しよう。

今回は定規で線を引く代わりに「折れ線」を使う。コピー用紙を用意し、長いほうの辺を下にして置き、中央下寄りに点を打つ（次ページ左上図）。

下の辺のどこかがこの点を通るように紙を折り曲げ、そこに折り線をつけてみよう。折り方をいろいろ変えてこれをくり返してみると、そのたくさんの折れ線の集まりは先ほどと同じように「放物線」を形づくっていくのである。これも直線によってつくられる曲線だ。

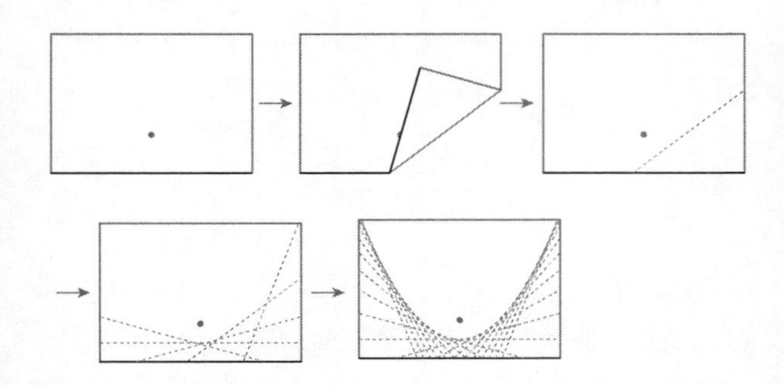

少し難易度が上がるが、定規で描ける美しい曲線をもうひとつ。準備として横長の円（楕円（だえん））を描く。これはフリーハンドで描いて問題ない。

その楕円をまず４等分するように目盛りを打ち、そのあとその間を補（おぎな）うようにして目盛りを８個、16個と追加し、最終的に32個の目盛りを打つ（目盛りの個数はとくに重要ではないが、このくらいの数があったほうがきれいに仕上がる）。

そのときのポイントは、中央ほど目盛りの間隔は広め、端ほど目盛りの間隔は狭めにしておくことだ。観覧車を少し斜めの向きから見たときのゴンドラの配置をイメージするといいかもしれない。

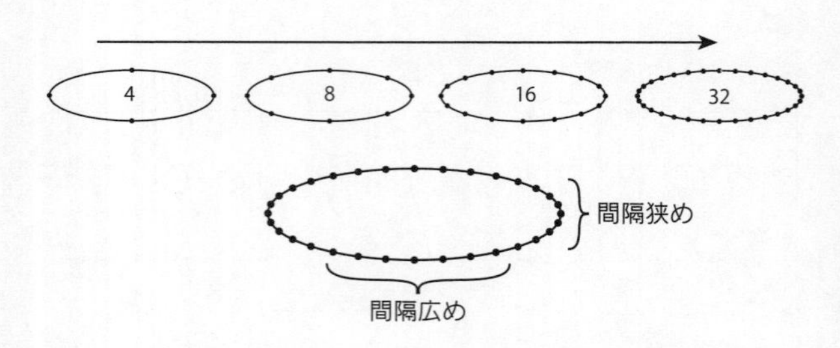

次に左下にあるように、目盛りを打った楕円を上下に2つ並べよう。ここからが定規の出番となる。

まず、上の楕円の真上の目盛りと下の楕円の左端の目盛りを結ぶ。そこからそれぞれの目盛りを反時計回りに1つずつずらしながら結んでいくのだ。

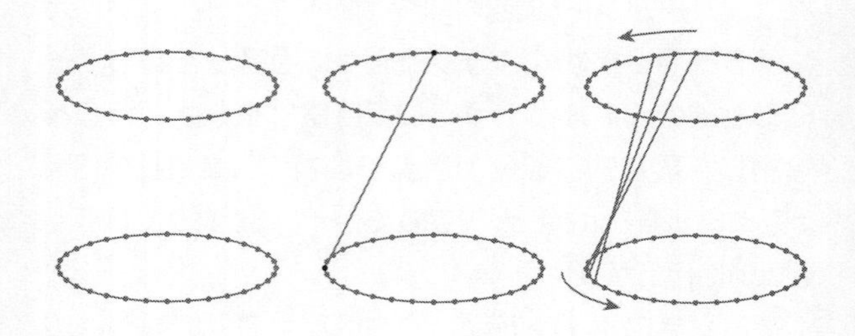

最終的に浮かび上がるのは、絶妙なくびれを持つセクシーな曲面だ。一見しただけでは、この図形の側面が直線だけで構成されているとは、とても思えないだろう。

この「つづみ」のような形状をした立体図形は「回転双曲面」と呼ばれている。名前のとおり、側面に現れる包絡線は「**双曲線**」と呼ばれる数理曲線になる。

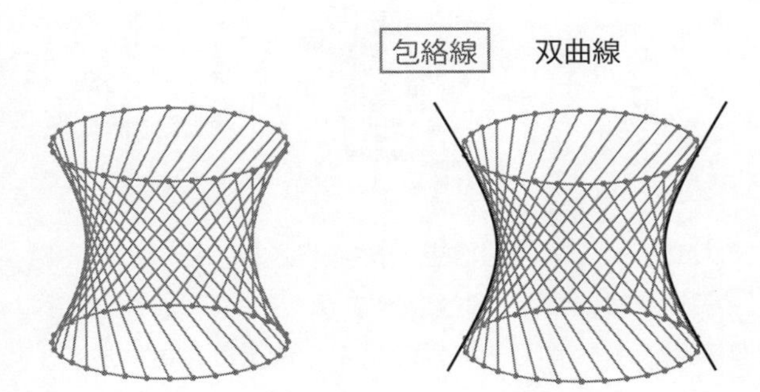

テストでもて余した残り時間や、退屈な上司のプレゼン時間の手慰みに、手元の紙にちょいちょいとこんな図形を落書きしてみるのはどうだろうか。

仮にそれが見つかったとしても、見た人はちょっとびっくりしてくれるに違いない。

怒られはするだろうけれど。

ミスのない「人文字」をつくる方法

学園祭やスポーツの応援などで定番の「人文字」。大勢の人がパネルを持って整列し、巨大な文字や模様をつくりだす定番のマスゲームである。

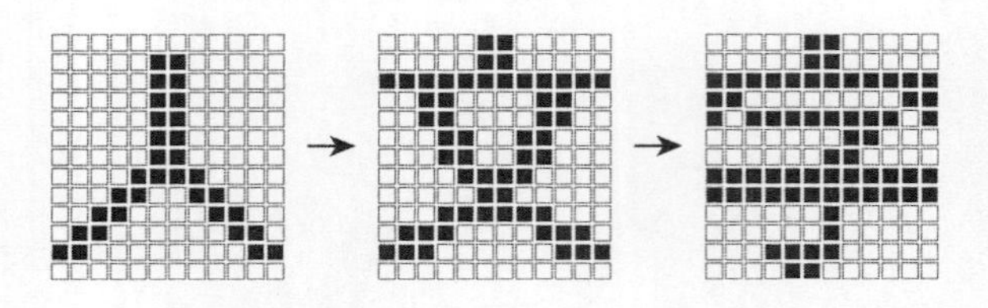

人文字の基本原理は単純だ。パネルを持った個々は「どのカウントでどの色を出すか」を頭に入れておき、リズムに合わせてその色のパネルを掲(かか)げればいい。

いや、言うは易(やす)しだ。全体像がどうなっているかも把握できない状態で、なんの脈絡(みゃくらく)もない不規則な色のパターンをひたすら正確に出し続けることがどれほど困難であることか。

さらにたった１人でもミスをすれば、それが誰の目にもはっきりとわかってしまうのも辛(つら)いところだ。仮に１人がミスする確率がたった１％だったとしても、それが100人となれば「誰か」がミスする確率はなんと63%に跳ね上がる。その高いハードルを超えてくるからこそ、一糸乱れぬ見事な人文字は人の感動を誘うのであろう。

さて、そんなことを言ったそばからいきなり手のひらを返すようではあるが、じつはこれから考えたいのは個人の負担ができる限り少ない、つまりは**「あらかじめ覚えておくことが少ない」人文字をつくることができないか**ということである。

ずいぶんと都合のいい話に思えるかもしれないが、これを実現する1つのアイデアがある。名付けて「流れる電光掲示板」方式だ。

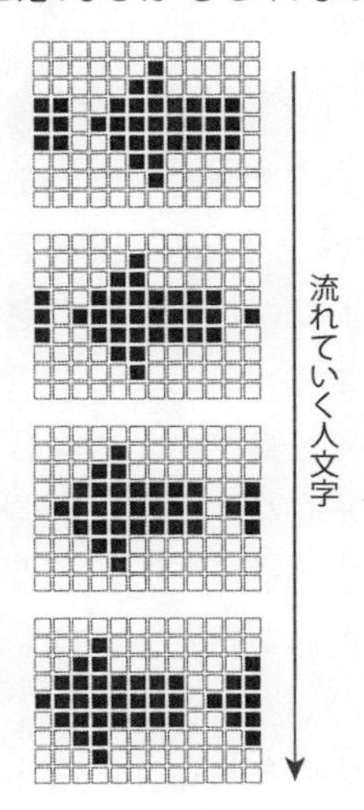

右図のように矢印が左に左に流れていくような人文字を考えてみよう。

ふつうの人文字より難しそうに見えて、じつはその反対。このやり方において「どのカウントでどの色を出すか」を覚えておく必要があるのは最上流の列にいる人だけで、その他の大勢の人は最初の状態さえ覚えれば、あとはただ「１つ上流にいる人が出したのと同じ色を次のカウントで出す」というルールにしたがうだけでいい。

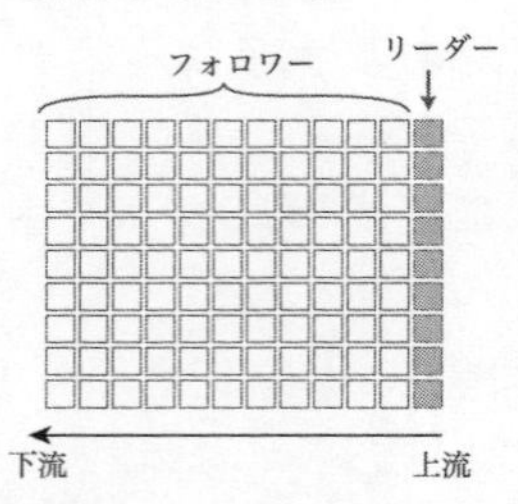

このように「隣接する人」の状態から、そのつど次の自分の状態を決定していくような個々のことを**オートマトン**と呼ぶ。日本語にすれば「自動人形」。オートマトンには記憶力は必要ないが、状況を的確に判断して次の行動を実行できる瞬発力は必要になる。

「流れる電光掲示板」方式では最上流の列にいる人だけがあいかわらず記憶を保持しておく必要があるが、このような負担の格差がない、つまり全員がオートマトンとして振る舞えるようなルールがないかを考えてみよう。

説明のために、パネルの色は白と黒の２種類であるとする。また「隣接する人」と言った場合、それは下図Aにとって、その縦横斜めで隣り合う8人を指す。

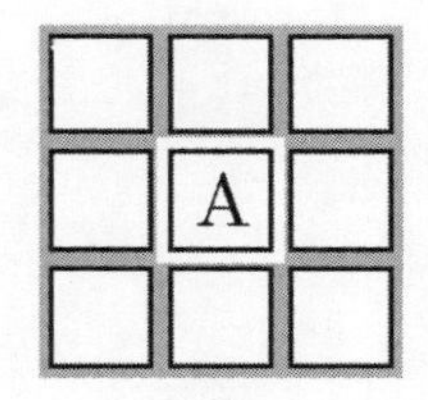

ルールは次のとおりだ。自分が白であった場合、隣接する黒がちょうど3個あれば、次のカウントで自分を黒にする。それ以外は白を維持する。

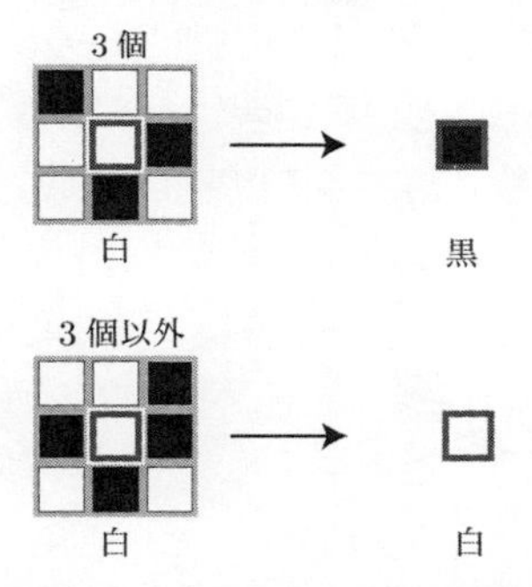

次に自分が黒であった場合、隣接する黒が2個または3個であれば、次のカウントでも黒を維持する。それ以外、つまり隣接する黒が1個以下または4個以上

であれば、次のカウントで自分を白にする。

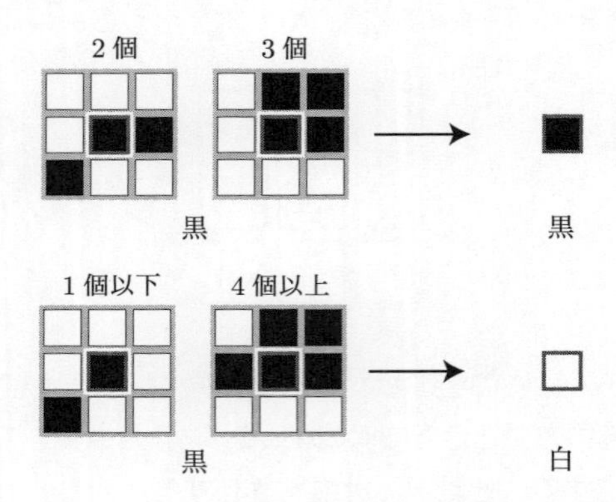

わかりやすいように1つの図にまとめておこう。次のカウントにおける自分の色は「今の自分の色」と「隣接する黒の個数」によって以下のように変化する。

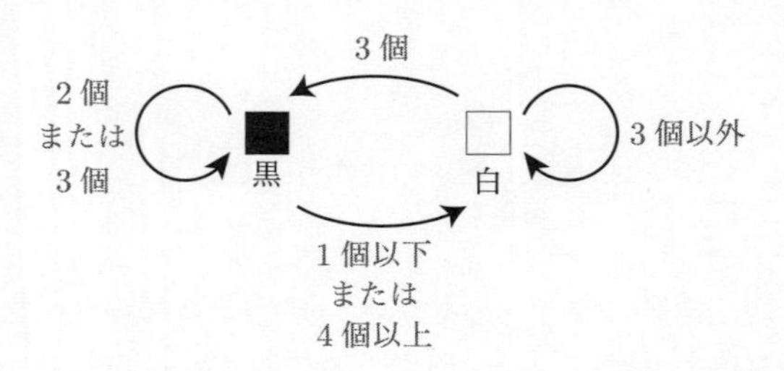

これでルールは決まった。あとは初期状態を用意し

よう。それを右のようなものとする。

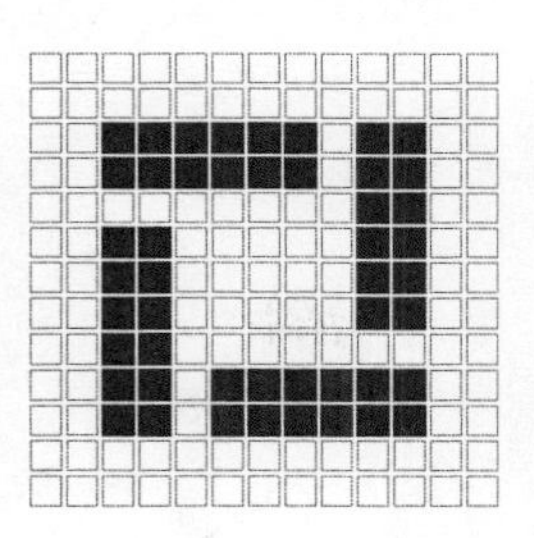

さて、この状態から、あとは全員がルールを忠実に守りながらパネルを動かしていったらどうなるか。その結果をご覧いただこう。

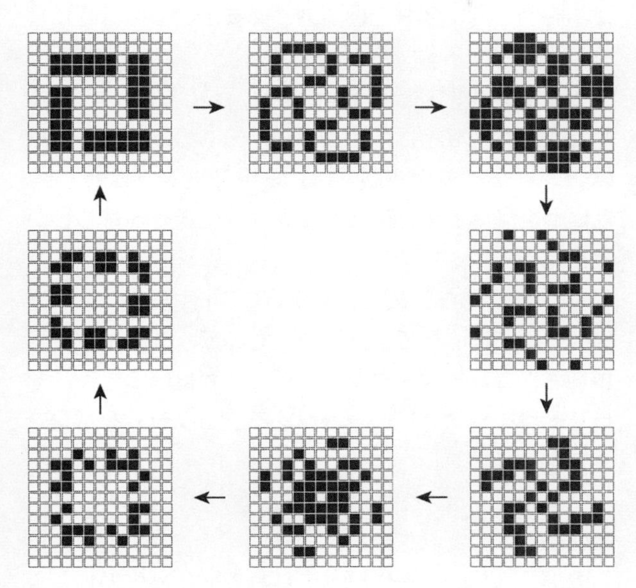

現れたり消えたりする黒のパネルは想像の少し上を行くきれいな模様を生み出して、最後は元の状態へと戻る。

こんなパターンが「誰ひとり、何も記憶していない状況」から生み出されるなんて、にわかには信じられないくらいである。

ただし、この複雑なルールを間違わずに実行するには、相当に高い情報処理能力が必要となるのは確かだろう。

そんな“反射神経お化け”のような人を100人も集めるのが大変ならば、うってつけのものがある。それはコンピュータだ。思えばオートマトン（自動人形）という言葉は、まさにコンピュータにこそふさわしいと言える。

じつは、前述のルールは1970年にイギリスの数学者コンウェイによって考案されたもので、そのルールの単純さにコンピュータプログラマーが食いつき、こぞってそれをシミュレーションするプログラムをパソコンに走らせた。

コンウェイは、これを「ライフゲーム」、つまり「生命のゲーム」と名付けた。

黒のパネルは生命に見立てられており、先のルールは「生命は周囲に３つの生命がいるときに誕生し、周囲の生命が１つ以下（過疎）となったり、４つ以上（過密）となると死滅する」という生の誕生と死のメカニズムがモデル化されているわけである。

ライフゲームの魅力は先の動きがまったく予想できないところだ。

177ページの図ではきれいに循環するパターンが現れたが、これは特殊なケースで、初期条件を少しでも変えれば、その先はまったくのカオスとなる。ある瞬間に生命が爆発的に増えたり、逆に突然、死滅したり。さらには集落ができたり、それが分裂したり、合流したり……。

１つひとつは単純なルールにしたがって動いている自動人形にすぎないのに、そこから生々流転の豊かなダイナミズムが生み出されていくのは不思議なものである。

「ライフゲーム」と検索すれば、これを実際にシミュレーションすることができるWebサイトやアプリがいくつも見つかるので、興味を持った人はぜひ試してみてほしい。

ルービックキューブは巡る

誕生から40年ほどたった今でも“パズルの王様”として君臨（くんりん）する「ルービックキューブ」。

ファンを惹（ひ）きつける理由は、パズルとしての奥深さもさることながら、何と言っても「モノ」としての引力であろう。

動きのメカニカルな面白さ、それを動かすときのカシャカシャという音や手応（てごた）え、そのすべてが根元的な快感を喚起（かんき）してくる。

さて、このルービックキューブは数学的に見ても興味深い点がたくさんある。というより、これ自体が数学の塊（かたまり）と言ってもいいくらいだ。

ここではその中から、単純で誰もが簡単に試すことができる面白い数理を１つ紹介したい。

ルービックキューブを動かす「ある一連の手順」をつくってみよう。どんな複雑な手順でも構わないが、ここではシンプルに、次ページの上図のように「右の列を手前に回し、上の列を反時計回りに回す」という手順を考えることにする。この手順を**操作*P***としよう。

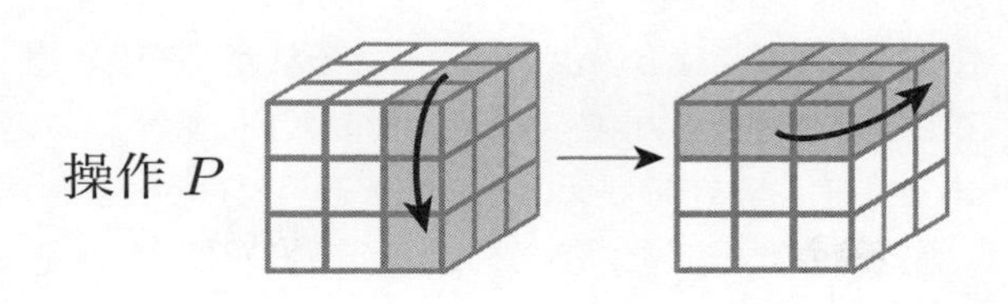

6面が完成されている状態からスタートし、この操作$\boldsymbol{P}$を何度かくり返せば、当然、面の形は崩れていく。

だが安心してほしい。あきらめずに続けていけば何回かあとに必ず元の状態に戻るはずだ。実際に操作$\boldsymbol{P}$の手順で試してみたところ105回のくり返しのあと、元の状態に戻ってきた。

じつは操作$\boldsymbol{P}$がどんなものであっても、$\boldsymbol{P}$をくり返し行なえば、キューブは必ず元と同じ状態に戻ることが言える。しかも、これは驚くほど簡単に証明できるのである。

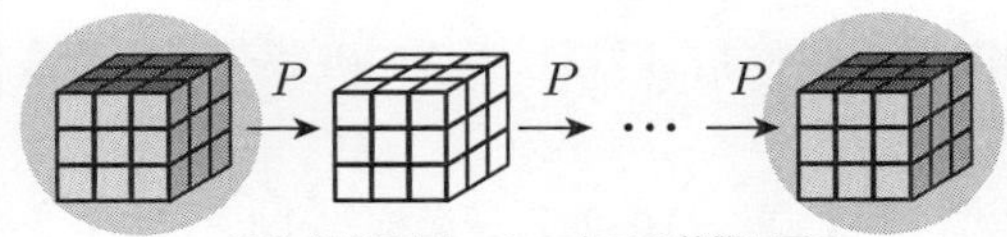

Pをくり返すと、いつか元の状態に戻る

このキューブの考え得るすべての状態はいくつある

だろうか。多すぎて見当もつかないが、じつは具体的な個数は問題ではない。ポイントは**それが「有限」個である**ということだ（有限の色を有限の面に配置する方法は当然有限である）。仮にそれをN通りとしよう。

さて、キューブを「ある一定の手順」で動かし、その途中の状態をすべてリストに記録していく。最初の状態がA_0、次の状態がA_1という具合だ。これを延々（えんえん）と続けていき、$N+1$個目の状態「A_N」が記録されたところで手を止める。

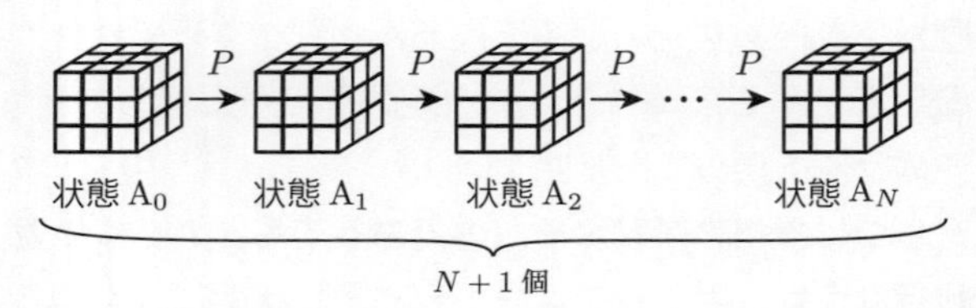

リストには、A_0、A_1、A_2、……、A_Nという$N+1$通りの状態が記録されている。すべてのキューブの状態はN通りであった。ということは、このリストの中には少なくとも１組、同じ状態のものが存在するはずである。

では、その同じ状態の２つを取り出してみよう。この２つの「同じ状態」は操作Pによってつながっている。つまり、これは「ある状態」からスタートしたキ

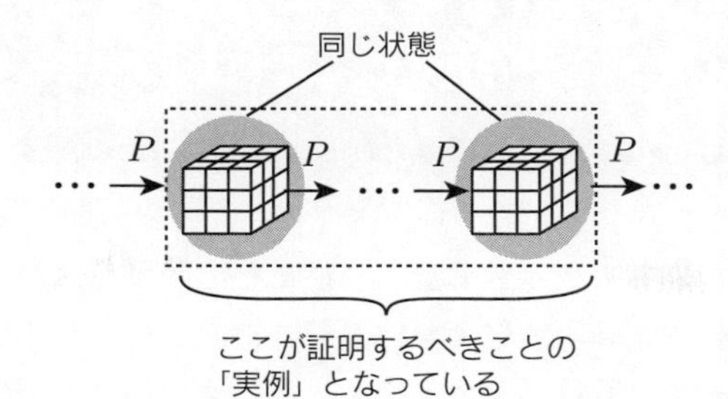

ューブが操作***P***をくり返すことで元の状態に戻るということの実例になっている。

よって、証明終わり。もちろん上で取り出した2つの状態は「6面がそろった状態」とは限らない。

しかし、それは問題ではない。「ある状態からスタートして***P***をくり返すことで同じ状態に戻る」ことが示せたのなら、「6面がそろった状態」から始めれば、やはり「6面がそろった状態」に戻ってくるのだ。

「存在定理」の例に漏(も)れず、この話も「必ず戻る」ことは保証されるが、「いつ戻るか」に関してはわからない。数分後かもしれないし、数時間後かもしれない。

いや、それはまだラッキーなほうだ。**仮にそれがキューブの全パターンを巡るものだとすれば、1秒間に1回キューブを回していっても、戻るのに100万年以上かかる**計算になるのだから。

電卓がファミコンに勝利した日

僕が小学校３年生の夏。子供たちのライフスタイルを一転させるような大事件が起きた。ファミリーコンピュータ、通称「ファミコン」と呼ばれる任天堂の家庭用ゲーム機の発売である。

これにより日本の世帯は２つに分断された。ファミコンがある家とない家である。「ない家」に属する子供たちは、「ある家」の友達を探し、いや、何なら無理やり友達になって放課後その家に集(つど)った。

僕はと言えば、悲しいかな「ない家」側の子供であり、他の例に漏(も)れず「ある家」の友達のもとに足しげく通う１人であった。さらに悲しいかな、すっかりゲームに夢中になってしまったのである。

「ない家」側の子供がゲームの虜(とりこ)になるのはなかなかキツイものがある。何せ友達の家でゲームができる時間は限られているのだ。

ならばと、何とか自分の家で同じ興奮を味わえるものを探す。その挙げ句にたどり着いたものが……「電卓」だ。別にゲーム機能がついているわけでも何でもない、ただの電卓。でもボタンの感触は何となく似ているし、何ならボタンの数では勝っている。

誰が何と言おうが、これが我が家のファミリーコンピュータだ。とにかく僕は「電卓」で遊ぶ方法をいろいろと工夫して考えることにした。

電卓の意外と知られていない機能は「くり返しの演算」ができることだ。スマートフォンの電卓機能でも同じことができるはずなので試してほしいが、電卓をリセットした状態から、

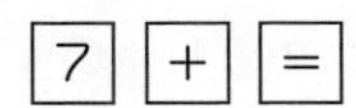

と押す。意味をなさない計算に見えるが、その結果は14と表示される。さらに続けて＝を押していくと21、28、35……と九九の七の段が順に現れる。つまりこれは**「7をくり返し足していく」**という作業をしてくれているのである。

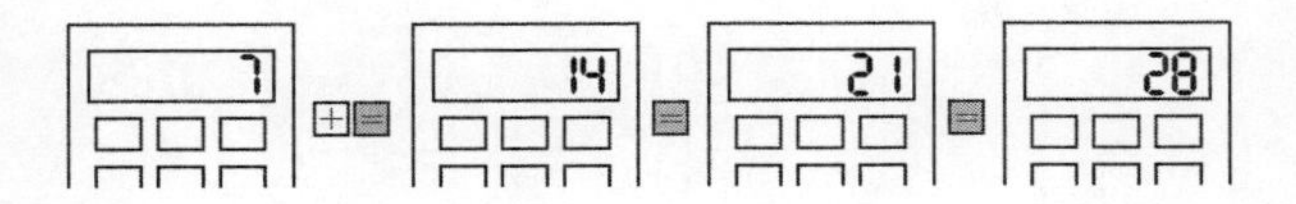

同じように、

として、以降「＝」をくり返し押していくと4、8、16、32……というように**「2をくり返し掛けた」**数が順に現れる。

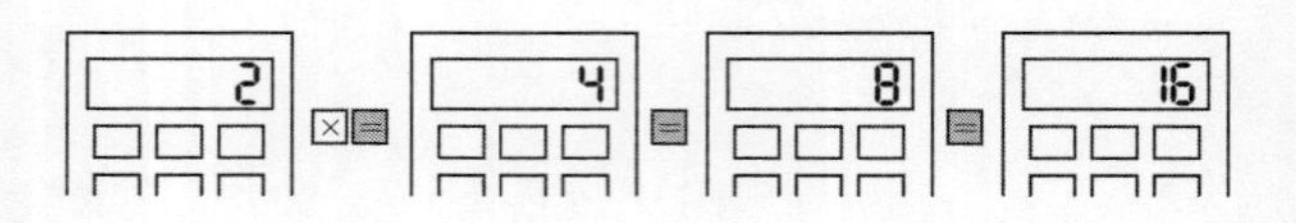

さらに、

2 ÷ =

とすれば1、0.5、0.25、0.125……と**「2でくり返し割り算した」**数が順に現れる。

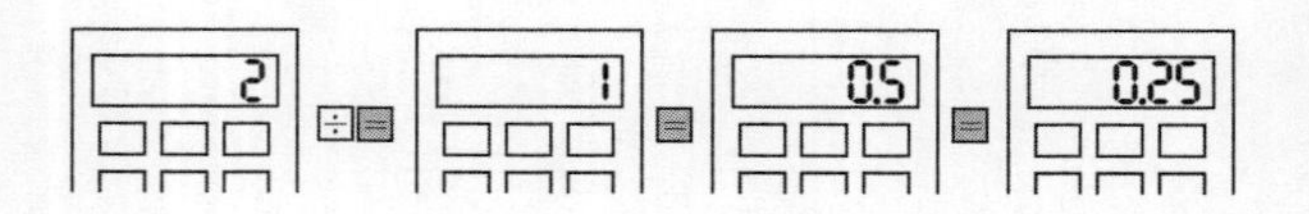

地味な機能だが、数が規則的に増えたり、減ったりしていくのを見るのはなかなか面白い。思えば108ページで説明した**指数的増加**を、僕は電卓を通していち早く学んでいたのである。

さて、こんな遊び方をしているうちに、僕はこの機能がシンプルな「カウンター」として使えることに気がついた。

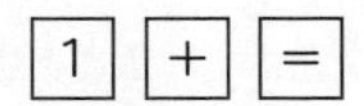

として、以下「＝」をくり返し押せば、数が2、3、4、5と増えていく。だから、表示された数から1を引けば「＝」を押した回数がわかるのである。

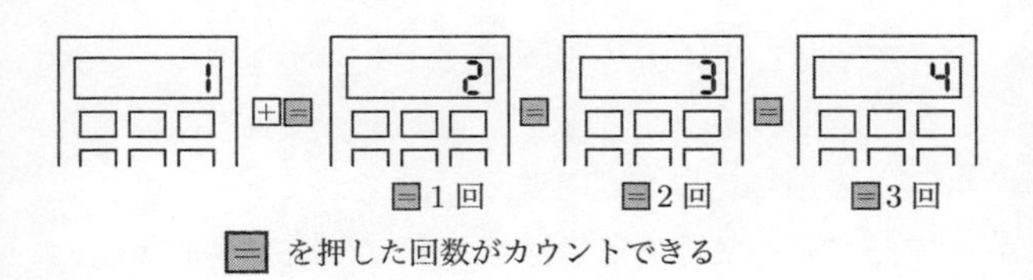

= を押した回数がカウントできる

これは何かに使える。ここで池田少年の頭にあるひらめきが舞い降りる。奇しくもゲーム界では「高橋名人の16連射」が大きな話題を呼んでいた。高橋名人というのは、当時子供たちから絶大な人気を得ていたゲームの名人で、「16連射」とは手の付け根をテーブルに押し付けてぐっと手に力を加えることで指を小刻みに振動させ、その振動でボタンを１秒間に16回押すという伝説の技のこと。当時の小学生は誰もがこの必殺技にあこがれ、真似したがった。

問題は１秒間の連射の回数など計測する方法がなかったこと。そこで登場するのが電卓カウンターだ。

競技者はまず電卓を「１＋」と押した状態で構える。タイムキーパーがスタートの合図をしたら、競技者は「＝」のボタンを連射し始める。タイムキーパーは10秒経ったらストップといい、競技者はそこで連射を止める。

そのときに電卓に表示されている数字が、たとえば63であったならば、10秒間で63－１＝62回ボタンを押したことになる。だから１秒間の連射回数は「62÷10＝6.2」と計算できるのである。

僕が発明したこの遊びは学校でブームを巻き起こした。ただの電卓がファミコンに一矢報(いっしむく)いた歴史的瞬間である。

そのあとすぐに電卓の持ち込みが学級問題になり、禁止されてしまうのであるが。

電卓から覗いた無限の世界

もう少し、我が家のファミリーコンピュータ、つまり電卓にまつわる話をしよう。電卓遊びに夢中になっていた小学生の僕にとって、割り算「÷」のボタンはほかのボタンとは少し違う、何か禁断の扉を開けるスイッチのようなイメージがあった。たとえば、

1 ÷ 3

と入力すると、

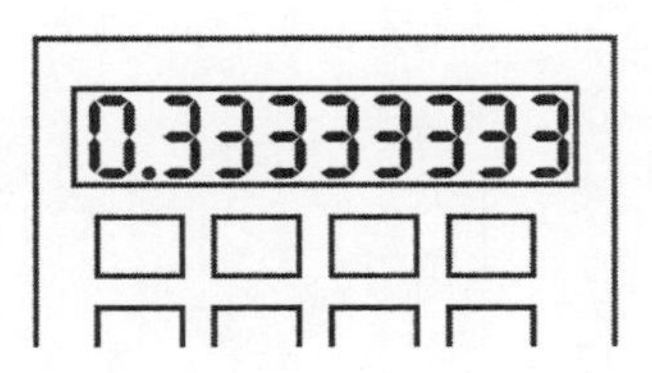

と、突然画面に大量の3がずらりと並ぶ。それまで冷静沈着だったコンピュータがいきなり暴走を始めたような、えもいわれぬ怖さがある。この正体がわかったのは小学校高学年のとき。1を3で割ったものは、

小数点のあとに３が「無限に続く」ような数、いわゆる**無限（循環）小数**になると知ったときだ。

この無限循環小数と電卓にまつわる記憶として今でも残っているのが、当時見ていた、とあるテレビの教養番組の中で紹介されていたこんな電卓のトリックだ。電卓に、

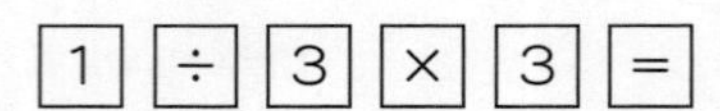

と打ち込んでみる。「１を３で割って３を掛ける」という計算。「３で割って３を掛けた」のだから何もしていないのと同じ、つまり結果は１に戻る……はずなのだが、電卓に表示される文字は0.99999となる。

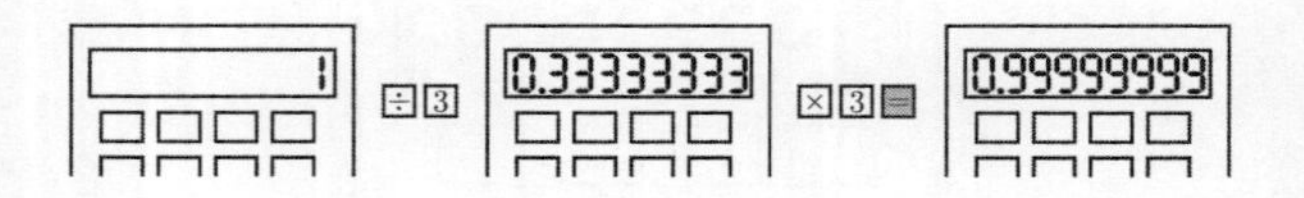

なぜ、少し数が小さくなってしまうのであろうか。その番組の中では、その理由を次のように説明していた。１を３で割った結果を小数で表すと0.3333……と３が無限に続くような数になる。しかし電卓には限ら

れた桁(けた)数しか表示できないので、表示できない先を単純に切り捨ててしまうのだ。

切り捨てがあれば当然、数は小さくなる。結果、それを3倍したものは1より少ない数になってしまうというからくりだ。

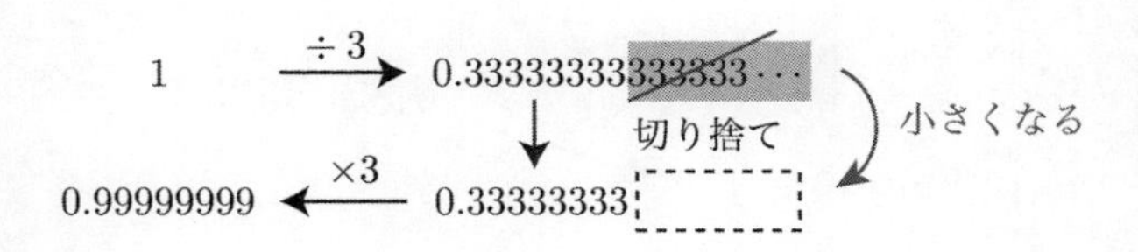

確かに説得力があるし、間違っているわけでもない。しかし、よく考えるとこの説明では納得できない点がある。切り捨てが問題なのであれば、仮に「無限の桁数を表示できる電卓」があったとすれば、この問題は解決することになる。

0.3333…

と3の先が無限に表示できるとして、これを3倍すると、

0.9999…

やはり９が無限に続くものになるはずで、１には戻らないのではないか。結局、根本的な問題は解決していないように思われるのである。

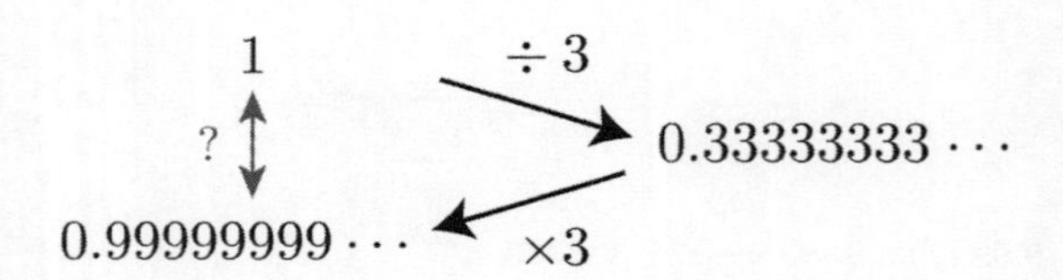

この違和感は僕の頭の中に長いあいだ残っていた。これにきちんと決着をつけるためには、高校数学の**無限級数**、つまり「無限の数の和」について学ぶ必要があった。結論から言えば、

0.9999…

は「１より小さい」のでも「１に近づいている」のでもなく、まぎれもなく「１そのもの」。つまり、

１＝0.9999…

という等式が成り立つ。

ここで69ページで述べた「ちりとりとゴミ」の話がつながってくる。ほうきでちりとりにゴミを入れたとき、９割がちりとりに入り、１割が残る。これをくり返すと１の分量のゴミが無限に分割されていくというアレだ。

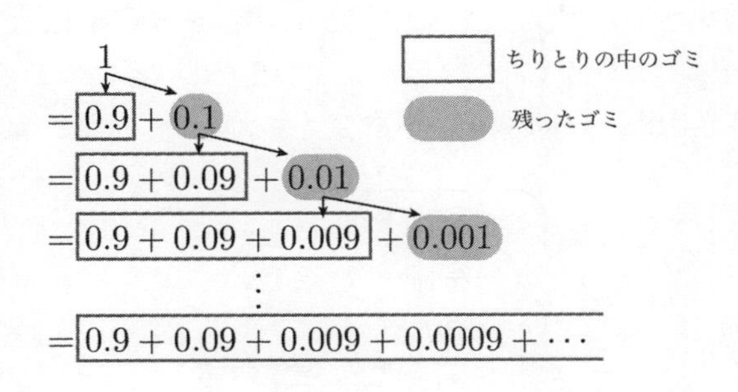

これは１が、

$$1 = 0.9 + 0.09 + 0.009 + 0.0009 + \cdots$$

という無限の和で表せることを意味している。この右辺を小数で表せば、

$$1 = 0.999999\cdots$$

と、先ほどの式が得られるのである。これだと何となく煙に巻かれたように感じてしまうみなさんのために（実際、多少煙に巻いている）、0.99999…がまぎれもなく１であることを、揺るぎない論理によって証明しよう。

ここで登場するのが「背理法（はいりほう）」。0.99999…が「１より小さい」と仮定してみよう。この数を数直線上にとれば、それは１より「ほんの少し左」にくる。つまり１と0.99999…の間には小さな「ギャップ」ができる。

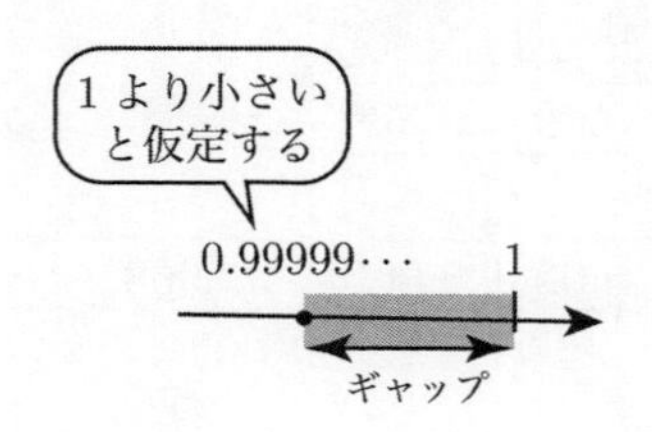

一方で、

0.9、0.99、0.999、0.9999……

というように、０のあとの９を１つずつ増やしていった数の列を考えてみよう。１との差は0.1、0.01、0.001、0.0001と、どんどん小さくなる。

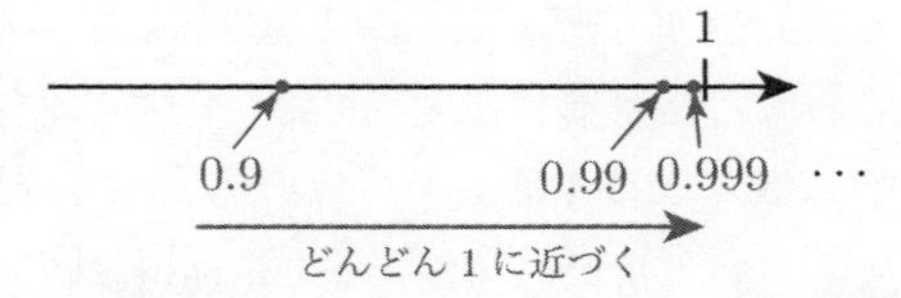

するとこの数は、いつか必ず先ほどの「ギャップ」の中に入り込んでしまうはずだ。たとえば0のあとに9を100個並べた数、

$$0.\underbrace{999\cdots9}_{100\text{個}}$$

が先ほどのギャップに入ったとしよう。

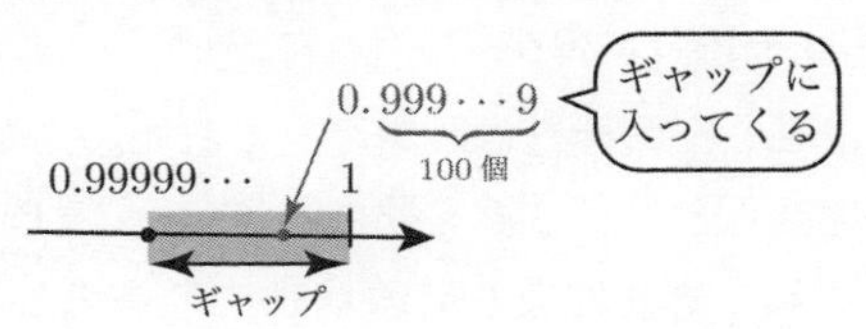

このとき、

$$0.\underbrace{999\cdots}_{\text{無限個}}<0.\underbrace{999\cdots9}_{100\text{個}}$$

という大小関係が成り立つ。ところがこれは変だ。左辺は9が「無限個」、つまり「100個よりたくさん」並んでいるのだから、左辺のほうが右辺より大きくならなければ道理が通らない。

いや、このギャップはもっとずっと小さいのだ、と主張しても話は同じである。9が100個で足りなければ1000個、1万個と増やしていけば、必ずこのギャップに落ちる数が出てくる。そのとき並ぶ9の個数は、しょせんは「有限」個。9が「無限」個に続くものより大きくなることはできないはずだ。

つまり、**この矛盾はギャップをどんなに小さく設定しようが解消できない**のである。

矛盾を解消する方法はたった1つ、ギャップなどない、つまり、0.9999…が1であると認めることである。これで証明終わりだ。

無限とはなかなかやっかいな怪物だ。それを前にしたとき、私たちの直感は簡単に欺(あざむ)かれる。だからこそ数学者は論理という武器を研(と)ぎ澄ませ、それと対峙(たいじ)しようとする。思えば僕が無限を初めて意識したのは、電卓にずらりと並ぶ3を見たときだったかもしれない。「÷」が禁断の扉を開けるスイッチというのはあながち間違ってはいなかった。

深淵(しんえん)を覗(のぞ)くものは、深淵に覗かれるという。小学生のときに覗いた電卓の小さな小窓から、無限という名の深淵が確かに僕のことを覗いていた。何だかんだで僕は数学の世界に進み、いまだにその無限に心をとらえられている。

コピー用紙はなぜ「あのサイズ」なのか

飛行機や船が美しいのはそれが「美しくありたい」と思ったからではなく、それが「空を飛びたい」「水に浮かびたい」と思ったからだ。実用上の強い要請がまずあり、そのためにもっとも合理的な形を追求する。

その結果、導き出された解に私たちは自然と美しさを感じる。一流のアスリートの動きを見たり、野生動物のフォルムを見たりして、それを美しいと感じるのも、やはりそこに一切の無駄を排した「実用の美」が見出(みいだ)されるからではないだろうか。

さて、ここでは私たちのとても身近なところにある「長方形」について考えてみたい。ノートやコピー用紙でおなじみ「Ａ４」や「Ｂ５」と呼ばれる規格の紙の形状である。じつは、この紙の短い辺と長い辺の比はほぼ１：1.414という比になるようにできて

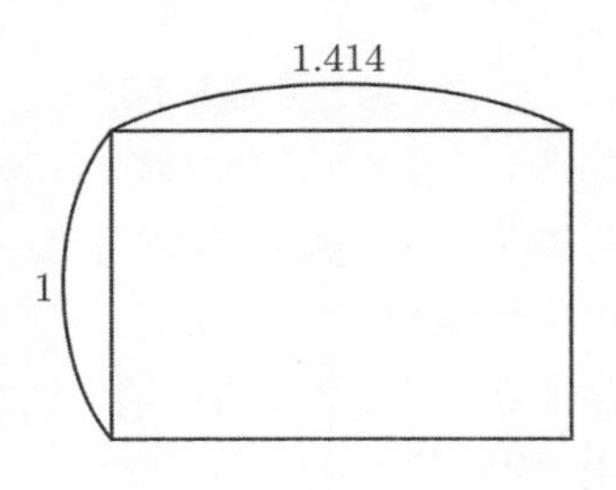

いる。

無数に存在する縦横の比のとり方の中で、なぜこの比が選ばれているのか。それにはちゃんと理由が存在する。

まず、同じ大きさの紙を何枚も用意したいと考えたとき、どうするのが一番楽だろうか。それは１枚の大きな紙を用意し、下図のように２等分、４等分、８等分と等分割していくことだ。実際のコピー用紙も、このように一定の大きさの紙からいろいろな大きさの紙を切り出している。

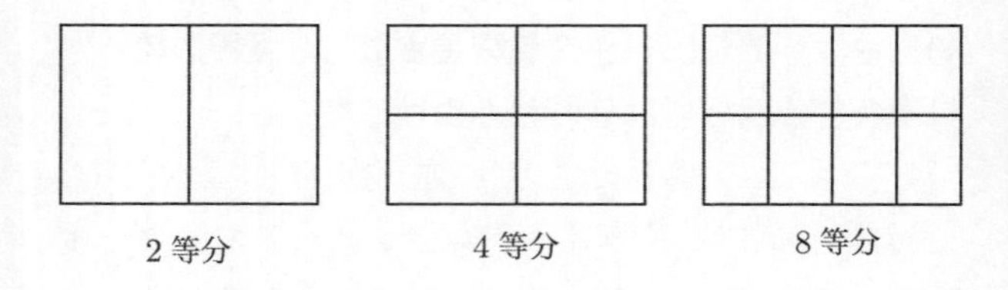

しかし、ここで問題がある。一般的に紙を２等分したときには、その紙の縦横の比が変わってしまうのだ。

次ページの図のように短い辺の比と長い辺の比が４：５の紙があるとする。この紙を長い辺に沿って２等分すると、その短い辺の比と長い辺の比は５/２：４＝５：８となり、元の紙よりも横長になってしまう。

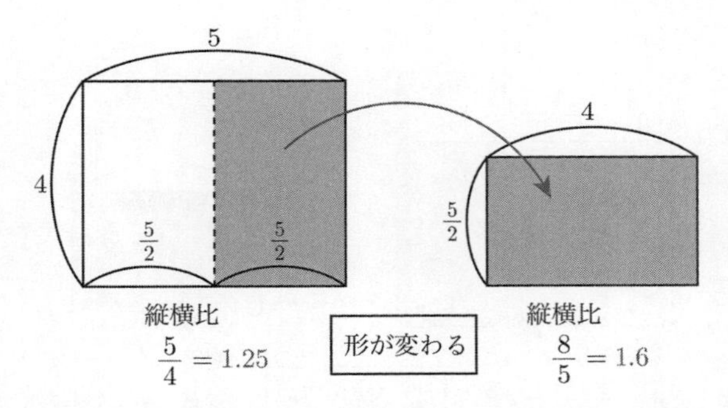

あるサイズで印刷した内容を拡大や縮小したときに、別のサイズの紙にピッタリと収まらないようではコピー用紙としてはとても不便だ。つまり、コピー用紙には**「半分にしても縦横の長さの比が保たれる」**という実用上の要請が存在するわけである。

じつは、この要請を満たす長方形の比はたった1つ。それが先に登場した、

1 ：1.414

という比なのである。実際に試してみよう。この長方形を長い辺に沿って2等分すると、その短い辺の比と長い辺の比は1.414/２ ： １＝0.707： １となるが、その比の値を計算すれば、元の長方形と（ほぼ）同じも

のとなる。

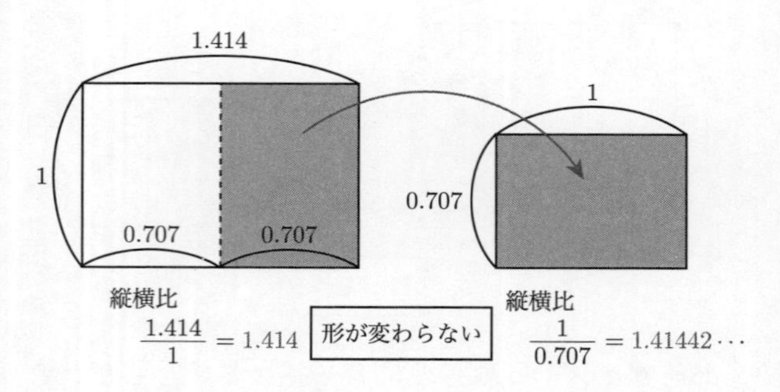

ちなみにこの1.414という数、数学的には「２回掛けると２になる数」として意味づけることができる。実際に計算してみよう。

$$1.414 \times 1.414 = 1.999396 \fallingdotseq 2$$

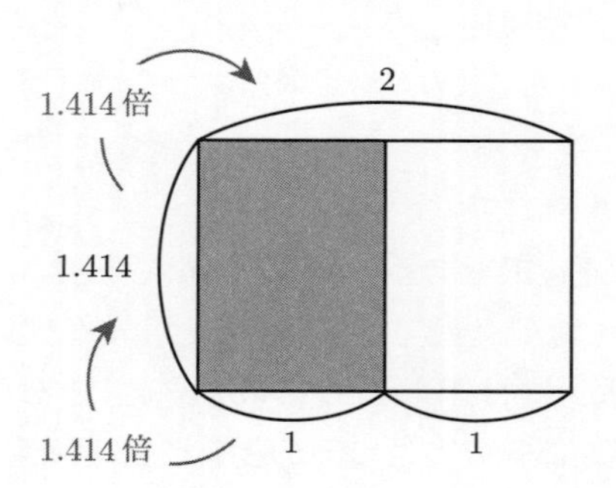

となる。

「２回掛けると２になる数」を数学では$\sqrt{2}$と書き表す。そのより厳密な値は、

$$\sqrt{2}=1.41421356\cdots$$

という無限に続く小数となることが知られている。ここでのポイントは、上のような理屈もルートの計算の仕方も一切知らなかったとしても、コピー用紙のもっとも機能的な形を追求していけば、試行錯誤の末に必ずこの比にたどり着くことができる点だ。

さて、この項の最初に触(ふ)れたようにコピー用紙のすべてのサイズは１枚の大きな紙から切り出すことができる。

その「一番大きい紙」は国際規格でＡ０とＢ０という２種類の用紙が定められている。Ｂ０は短い辺の長さがちょうど１ｍ（＝1000mm）となる１：1.414の長方形であり、Ａ０のサイズはＢ０を0.841倍（Ｂ０はＡ０を1.189倍）したものとなっている。

Ａ０の用紙を半分ずつにしていったものがＡ１、Ａ２、Ａ３……という紙のサイズであり、Ｂ０の用紙を半分ずつにしていったものがＢ１、Ｂ２、Ｂ３……と

いう紙のサイズになる。

気になるのはＡ０とＢ０の大きさの比、1.189はいったい何なのだということだ。これにもちゃんと数学的な根拠がある。この1.189を２乗する。

$$1.189 \times 1.189 = 1.413721 \fallingdotseq 1.414$$

なんと、先ほどの$\sqrt{2}$が現れる。**つまり1.189は「２回掛けて$\sqrt{2}$になる数（$\sqrt{\sqrt{2}}$）」なのである。**ＡとＢの紙の比をこのようにとると、AB規格の紙を大きさの順に並べたときに、下図のようにそれらがすべて等倍に並ぶことになる。

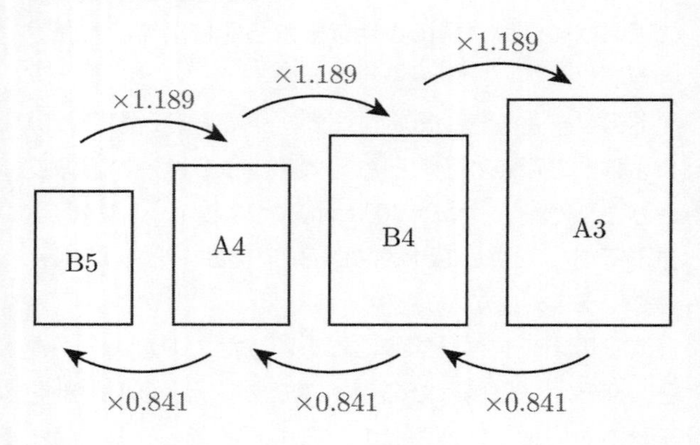

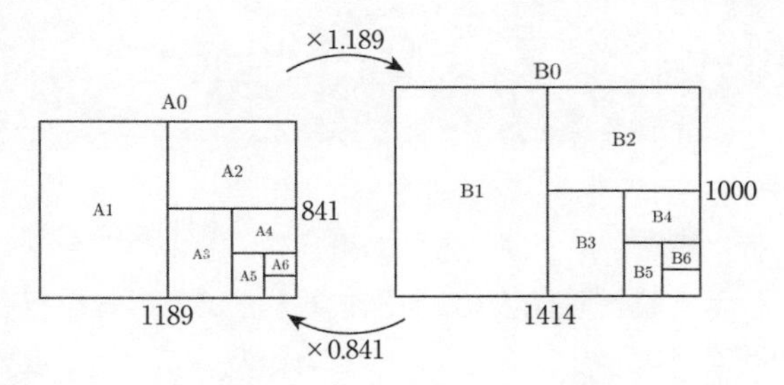

こうしておけば、コピー機でＢ５からＡ４に拡大コピーするときも、Ａ４からＢ４に拡大コピーするときも、倍率を変える必要がなくなる。この比もまた、実用上の要請から導き出される合理的な数字だったのである。

何気ない日常の形の中に、それがそうであるべき理由があり、それを成り立たせる数学があることに、改めて驚かされる。

「黄金比」という言葉の幻想

折り紙をしたいが正方形の紙がないという場合、コピー用紙から正方形を切り出す方法がある。紙を折り曲げて三角形をつくり、その三角形の辺に沿って紙を切断すればいい。

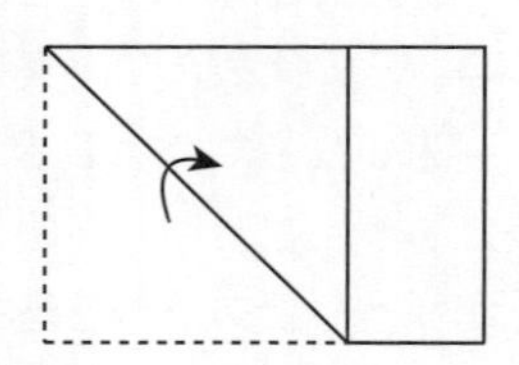
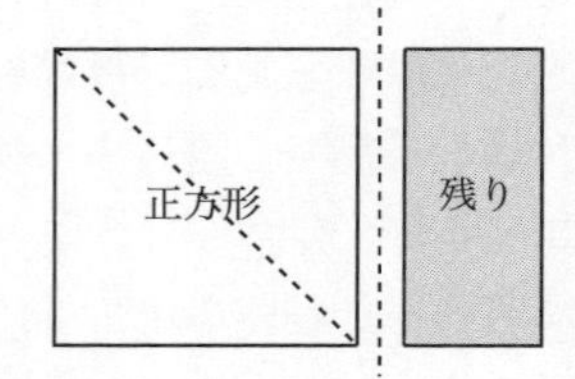

ここで正方形を切り出したあとの「残り」に注目しよう。この「残り」の長方形は元の紙の形に比べてずいぶんと細長いものになってしまった。

ふと、こんな考えが頭をよぎる。

「正方形を切り出した残りの長方形が、元の長方形と同じ形になるようにできないだろうか」

結論から言えば、それは実現できる。そのためにはコピー用紙よりもさらに細長い形、辺の長さの比が

「1：1.618」である長方形を用意すればよい。下の図でそれを確かめてみよう。

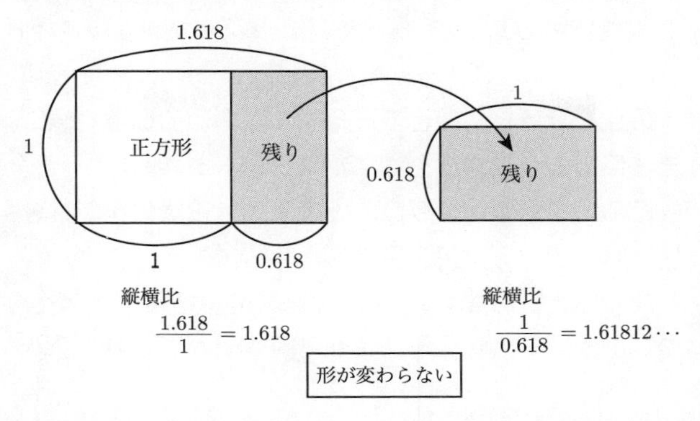

正方形を切り出したあとの長方形が元と同じ形なのだから、そこからまた正方形を切り出したあとの長方形も元と同じ形であるはずだ。つまり、この長方形は下図のように延々と正方形を切り出していくことができる。

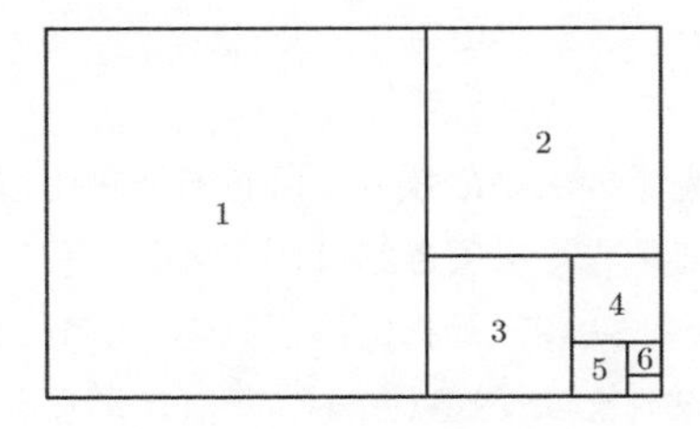

さて、この1.618という比、じつはより厳密には、**「1.6180339887……」**という小数になるのだが、どこかで見覚えがないだろうか。そうフィボナッチ数列「1、1、2、3、5、8、13、21……」の隣り合う項の比を計算したときに、それが近づいていった値はまさに上の小数だったはずだ（120ページ参照）。

この比を**黄金比**と呼び、上のような縦横の比が黄金比となる長方形は**黄金長方形**と呼ぶ。

フィボナッチ数列とこの不思議な長方形はなぜ結びつくのか。その関係をこれから解き明かしてみよう。

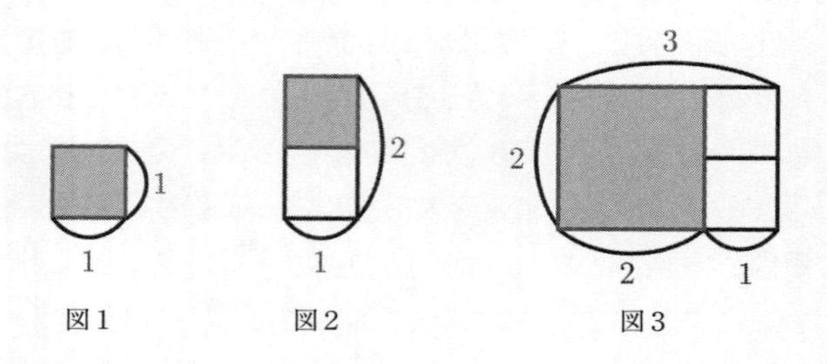

図1　図2　図3

まず、図1のように1×1の正方形を用意する。次にその上に正方形をくっつけて1×2の長方形をつくる（図2）。さらに、その左に正方形をくっつけて2×3の長方形をつくる（図3）。

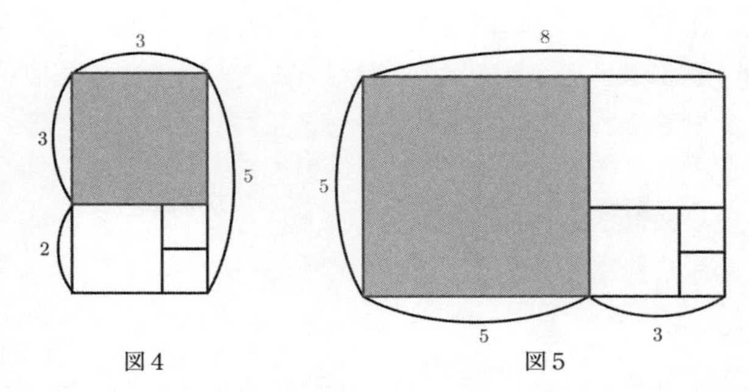

図4　　図5

　このように「上」「左」の順に交互に正方形をつなげていくと次つぎに新しい長方形ができていく。

　ここで注目してほしいのは、新しい長方形において「短い辺」の長さは1つ前の長方形の「長い辺」の長さと同じであり、「長い辺」の長さは1つの前の長方形の「短い辺と長い辺の長さの和」となることである。

　たとえば、図3の長方形（短い辺2、長い辺3）に正方形をつなげると、短い辺の長さは3、長い辺の長さは2＋3＝5となる（図4）。さらにそれに正方形をつなげると、短い辺の長さは5に、長い辺の長さは3＋5＝8となる。

　もうお気づきだろう。つまりこうして次つぎと得られるのは、辺の長さがフィボナッチ数列の

　　1、1、2、3、5、8、13、21、……

の隣り合う２項になっているような長方形なのだ。
じつは、この長方形の形状はどんどん黄金長方形に近づいていく。上の要領で６個の正方形をつなげた下図左を見てみよう。これは13×21の長方形となる。
一方で下図右は、黄金長方形から６個の正方形を切り出した結果の図である。

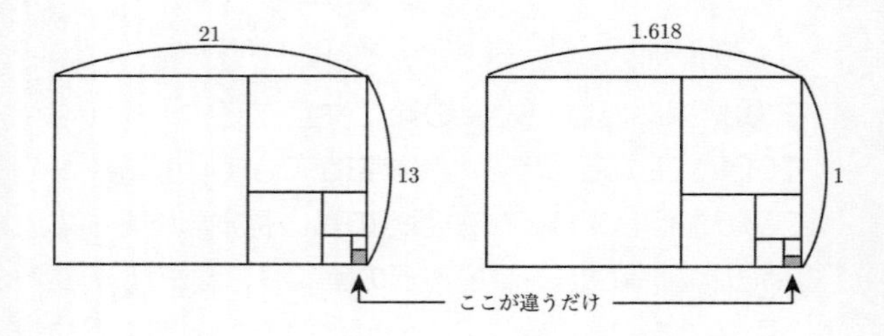

この２つの図がとてもよく似ていることに気がつくはずだ。唯一(ゆいいつ)の違いは右下の小さな四角形が正方形であるか長方形であるかだけ。とても小さな誤差に過ぎない。ためしに左の長方形の辺の比を計算すると、

$$\frac{21}{13}=1.615\cdots$$

となり、２つの長方形がほとんど相似(そうじ)であることがわかる。この誤差は正方形の個数が増えれば増えるほ

どどんどん小さくなる。

フィボナッチ数列は後ろに行けばいくほど、隣り合う数の比が黄金比に近づいていくのはそういう理由なのである。

ここでは「正方形をくっつける」という操作を図1の1×1の正方形からスタートしたが、じつは正方形である必要はない。長方形からスタートしても「正方形をくっつける」という操作をくり返した結果、行き着くのはこの黄金長方形なのだ。

そういう点からも、これが非常に普遍性の高い形であることがわかる。コピー用紙の美しさは「機能美」であるといったが、黄金長方形の美しさにはある種の「様式美」を感じるのだ。

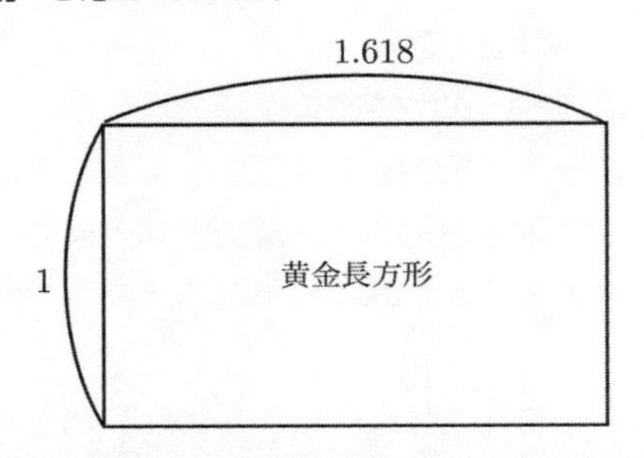

黄金比は間違いなく美しく神秘的な比だ。ただ、言葉のインパクトがあまりに強いからか、世間一般はこ

の黄金比に過剰な意味付けをする傾向がある。
　この話になると必ず登場するのが**「黄金比は人間が視覚的にもっとも美しく感じる長方形である」**という言説だ。
　これについては科学的な根拠は乏しく、ただの俗説であるとするのが大方の見方だ。パルテノン神殿やピラミッドなど古代の建築物は縦横の比が黄金比になるように設計されたとか、人の「頭の先から臍までの距離」と「臍から足下までの距離」の比が黄金比になるなどといった雑学を聞いたことがある人は多いだろうが、これも信憑性はかなり怪しい。
　そもそも５：３くらいの比は世の中にあふれているから、それを黄金比にこじつけようと思えば何だってできてしまうのである。
　ついには「おいしい焼肉のタレのしょうゆとみりんの黄金比」とか「眉と鼻先が顔を１：１：１に分けるのが美人顔の黄金比」などと言い出す人まで現れた。
　こうなるともう、「黄金比ってなんでしたっけ？」である。
　数学の手を離れ、なんとなく過大な荷物を背負わされている「黄金比」の文字を、数学者はただ遠い目で見つめるだけである。

心をザワつかせる「不気味の谷」

人の美的感覚というのはさまざまであるが、「規則性のあるもの」を美しいと思う感覚は多くの人に共有されているものではないだろうか。

ふとデジタル時計を見たときに「12：34」であった場合は少し幸せな気持ちになるし、開封したばかりのトランプを広げたときにマークと数字が順に並んでいるのを見ると混ぜるのがもったいなくなる。

一方で「規則性のないもの」を美しく感じないかというと、それも少し違う。Aのデザインは規則性があって美しいが、Bのデザインも「まったく規則がない」という点においてやはり美しい。「完全なランダムさ」というのもある意味ひとつの秩序であるのだ。

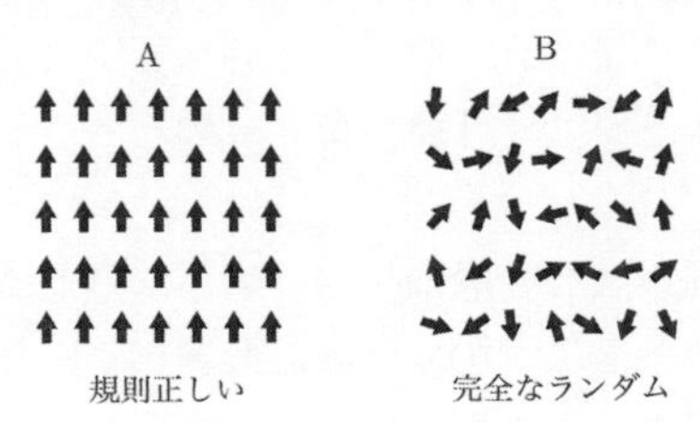

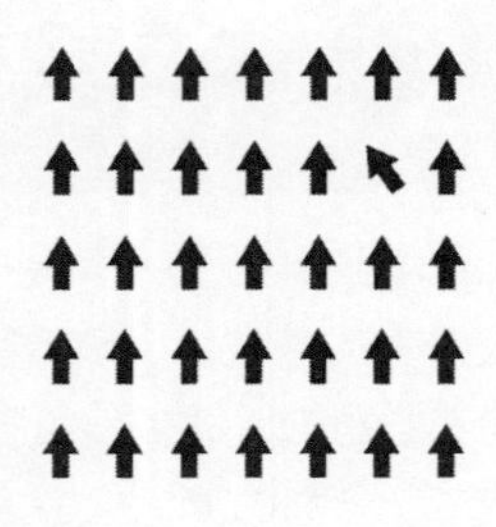

思うに人の気持ちを一番ゾワゾワさせるものとは、規則性の中に「ほんの少し」不規則が混ざる状態ではなかろうか。右のようなデザインを見ると、傾いた矢印を正しい方向に戻したい衝動に駆られてイライラする。

ロボット工学で**「不気味の谷」**と呼ばれる現象がある。ロボットの顔をどんどん人間に寄せていったとき、ある時点で人は、それを急に不気味と感じてしまうらしい。

似ているけど何かが違う。完璧に見えて何かが足りない。人の心をざわつかせるのはいつも「満点の一歩手前」なのだ。レジの会計が10001円になる、撮りだめしていた連続ドラマが１話だけ抜けている、非の打ち所のないイケメンの鼻毛が１本出ている。このときの精神ダメージは「まるでダメ」なときよりも何倍もでかい。

さて、同じような感情を呼び起こす「とある数」の話をしよう。ここでも、電卓に登場していただこう。

まず、電卓に１を正確に９回打ち込む。

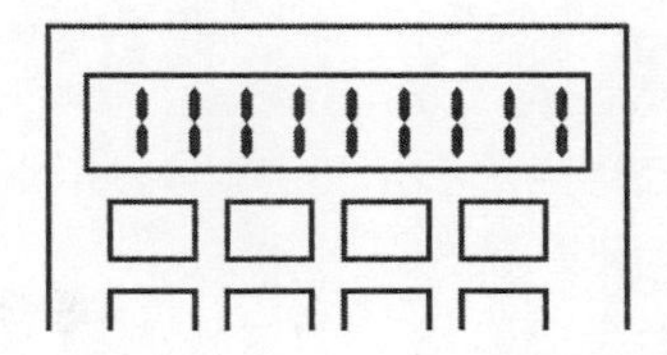

この数は9で割り切ることができる。余談であるが、ある整数が9で割り切れるかどうかを判定するには「各桁の数をすべて足し算した数が9で割り切れる」かどうかを調べればよい。上の数の場合、各桁の和は、

$$\underbrace{1+1+\cdots\cdots+1}_{9\text{個}}=9$$

で、これは9で割り切れるので、元の数も9で割り切れる。では実際にやってみよう。

その結果が次のようになる。

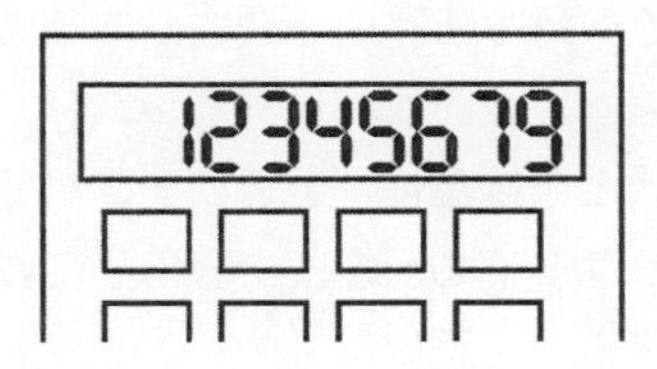

一瞬はっとさせられ、すぐに別の感情が押し返してくる。よく見てみよう。１から順に規則正しく数が並んでいるように見えて、「８」だけがポッカリと抜け落ちているのである。

これぞ「不気味の谷」。数は割り切れているのに、気持ちはまったく割り切れない。

僕がこの数に出会ったのは小学校の算数の時間。先生は僕たちにこの「12345679」をノートに書くように言い、次に「それを９倍してみろ」と言った。

先生はそこにきれいに１が並ぶことを知っており、生徒に喜んでもらいたかったのだろうが、僕はむしろモヤモヤした。

どうして元の数は８だけが抜けているのか。先生に聞いても「それはそういうものなのだ」としか答えてもらえなかった。

「そういうもの」とはどういうものだ。１から７まで順に数が並ぶのは単なる偶然？　それにしてはできすぎている。その背後には何か理由があるはずだ。

だとすれば、なぜ突然「８」でルールが崩れたのだろう。数がそんな気まぐれを起こすなんて変だ。結局このモヤモヤはモヤモヤのまま心の奥に真空パックされることになる。

本稿を執筆しながら、その過去の思い出がふと解凍された。あのときの自分に、今の自分ならどんな説明ができるだろうか。

あれこれ考えているうちに、僕は驚くべきことに気がついた。規則性が微妙に崩れて見えたこの数には、じつはとても美しい規則性がある。ただそれが隠されていただけだったのだ。

それをあぶり出す鍵は、「電卓から覗いた無限の世界」(189ページ)の項目で説明した**「無限小数」**にある。

まず「111111111」という数を次のように分解してみる。

111111111＝
100000000＋10000000＋1000000＋100000＋10000＋1000＋100＋10＋1

次に「111111111」を９で割るのであるが、その割り算を右辺のすべての項に分配してあげよう。

$$\frac{111111111}{9}=\frac{100000000}{9}+\frac{10000000}{9}+\cdots+\frac{100}{9}+\frac{10}{9}+\frac{1}{9}$$

この式の右辺の項を右側から見れば、1/9からスタートして10/9、100/9と1つ前の数を10倍したものが順に現れていることに注意しよう。

$$\frac{111111111}{9}=\frac{100000000}{9}+\frac{10000000}{9}+\cdots+\frac{100}{9}+\frac{10}{9}+\frac{1}{9}$$

では、この計算を小数に直してみる。1/9は、

$$\frac{1}{9}=0.111111\cdots$$

と1が無限に続く無限小数になる。10/9はこれを10倍したものなので、小数点が1つずれて、

$$\frac{10}{9}=1.111111\cdots\cdots$$

となり、さらに100/9は小数点がずれて、

$$\frac{100}{9}=11.111111\cdots$$

となる。これを9回くり返したものをすべて縦に並

べ、それらを足し算してみよう。

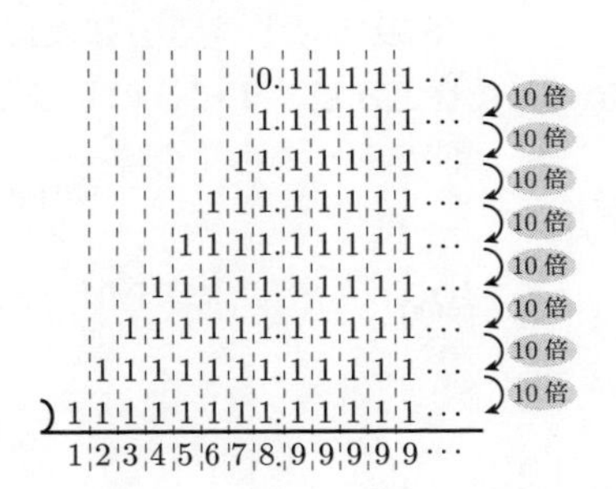

もう説明は不要だろう。上に積み重なる1の個数を見ると、左から順に「1個」「2個」「3個」……と増えていく。したがってそれを足した結果も1、2、3……と増えていく。この足し算をすべての位で行なうと、次のような数が現れる。

12345678.99999…

思わず膝(ひざ)を打つ。ここでは「不気味の谷」の魔法が解けているではないか。この1から9までがきれいに並んだ無限小数。じつはこれが12345679の真の姿であったのだ。

え？　どうしてこれが同じ数になるの？と思う人は

前の項で説明した「0.999999…＝1」という関係式を思い出すといい。下の式のように**小数点以下の0.999…は1となってくり上がり、1の位の8が9に上書きされる。**これが、8が消えてしまう原因なのである。

$$
\begin{aligned}
&12345678 + 0.99999\cdots \\
&= 12345678 + 1 \\
&= 12345678 + 1 \\
&= 12345679
\end{aligned}
$$

無限小数の姿ではきれいに成り立っていた規則性が、有限小数に変わるときに少しねじ曲がる。そのいびつさを僕らは見ていたわけだ。

そういう気持ちで「12345679」を見れば、人間に化けようとしてうっかりしっぽを出してしまったモノノケ狸のような可愛(かわい)らしさがあるではないか。

この発見を小学生の頃のモヤモヤしている僕に教えてあげたい。

いや、やっぱりやめておこう。何十年後にそのモヤモヤを自分で解消できたときの喜びを、彼は味わう権利があるのだから。

「わからない」が科学を動かす～あとがきにかえて

数年前の夏、タクシーに乗ったときにラジオのAM放送が流れていた。それはどうやら夏休みの特集で「子供の疑問に専門家の先生が答える」という内容のものであった。

子供と電話がつながっており、先生が子供にもわかりやすい言葉で懇切(こんせつ)丁寧に解答している。最後に進行役のお姉さんが「○○ちゃん、わかりましたか？」と聞くと、「はい、わかりました！」という元気な答えが返ってきて、それが番組のひとつの区切りとなっているようだった。

なかなか面白いなと思って聞いていると、４歳の女の子がこんな質問をしてきた。

「どうして海の水は増えたり、減ったりするんですか？」

４歳ということもあり、先生もかなり苦労して言葉をかみ砕(くだ)きながら、その基本的な原理を女の子に教えていたと思う。しかし、風船とか、綱引きの例えを交(まじ)えて説明するのだが、その女の子はどうしても「わかりましたか？」という質問に「はい、わかりました」とは言わないのだ。
　先生の解説は、要点をとらえたよい説明だったのだが、女の子はどうしても先生の言っている内容が理解できないようだった。
　結局、女の子は質問の区切りとなる「わかりましたか？」の問いかけに、大きな疑問符を抱えたような弱々しい「はい」で答え、電話を切った。
　ちょうどこのあたりでタクシーが目的地に着いたので、その後、番組がどのように続いたのかは知らない。だが、僕はこの女の子に、何かとてつもなく共感するものを覚えてしまったのである。
　おそらく、これが小学校高学年であったなら、先生の「月の引力が海水を引っ張っているんだよ」という解答もすんなり受けとめてしまうのかもしれない。そして、ひょっとしたらその後の人生、「潮の満ち引き」という現象に何の疑問も持たずに過ごしていくことになるのかもしれない。
　しかし、よくよく考えれば、この説明に子供がそれ以上何の疑問も持たず「はい、わかりました」と答えてしまうほうが、僕はよほど「ざわざわとしたもの」を感じてしまうのである。

離れた物体が綱引きをするように引っ張り合うなど、まだ4歳の少女の世界観には相容(あいい)れないものだったに違いない。

そして、ある意味それは、世界を自分なりに正しく認識している証(あかし)でもある。僕たちはいつのまにか「地球と月が引っ張り合っている」ことを知っている。しかし、それをどれほど理解しているかと問われれば、実際のところ何ひとつ理解していないのである。「それが常識ですよ」と教科書に教えられたことをそのまま呑(の)み込んだだけだ。「はい、わかりました」とは、与えられた知識に自分の世界観を迎合(げいごう)させる、じつに便利な言葉である。

日本人のノーベル賞受賞のニュースがあるたび、ワイドショーでは、その人の研究内容がかみ砕いて説明される。「いやあ、難しい話でまったく理解できません」と苦笑(にがわら)いしながら言うキャスターに、ある科学者がこんなことを言っていた。

「理解できないのは当たり前です。でもその理解できないという気持ちを持ち続けることが大切なんです」

そうだ。これぞ、あの4歳の少女に伝えてあげたい言葉だ。携帯電話の機能を自由自在に使いこなせる達人も、携帯電話の裏ブタをパカッと開けて中身を見たとたん、そこには気の遠くなるような「わからない」が満ちあふれている。

ふつうの人は、そこでそっとフタを元に戻し、見なかったことにする。そのほうがよっぽど平穏無事に生活できるだろう。

ところが、それができないのが科学者という人種なのだ。携帯電話の内部にある小さな部品、たとえばコンデンサーやメモリー、CPUやらの役割をひと通り把握したとしても、コンデンサーのフタを開ければ、そこにまた新たな「わからない」が待ち構えている。

コンデンサーの中に電子が、電子の中に素粒子が。フタを開ければ開けるほど「わからない」「わからない」が次から次に飛び出す。

その「わからない」の最前線で仕事をしているのがノーベル賞を受賞しているような科学者なのだろう。「わからない」こそが科学者を動かす原動力であり、「理解した」というのは科学者にとって妥協の言葉でしかないのかもしれない。

ガリレオも、ニュートンも、アインシュタインも、偉大な科学者は皆、この４歳の少女が感じたクエスチョンを死ぬまで持ち続け、「はい、わかりました」という妥協をどんなことがあっても許さなかった人々ではないだろうか。

アインシュタインのこんな有名な言葉がある。

「人生の生き方は２つしかない。驚きなんて何もないと思うか、すべてが驚きだと思うかだ」

僕は後者でありたいと思う。

この本の中で僕が書いたことは、僕の持っている不完全な双眼鏡から眺(なが)めた「数学という広大な海原のほんの一部」の姿にすぎない。

読んでいて皆さんが感じたたくさんのクエスチョンは、半分は僕の説明力のいたらなさであり、もう半分は数学の底知れぬ魅力の部分であるかもしれない。

そのクエスチョンが皆さんの好奇心の種になり、この広大な海原に自力でこぎ出すきっかけとなるのであれば、それは筆者冥利(みょうり)に尽きるというものである。

◉参考文献

『放浪の天才数学者エルデシュ』ポール・ホフマン著：平石律子訳（草思社）
『An Euvy-Free Cake Division Protocol』Steven J.Brams and Alan D.Taylor

KAWADE
夢文庫

思わず興奮する！ こういう数学のはなしなら面白い

二〇二〇年一一月三〇日　初版発行

著　者……池田洋介
企画・編集……夢の設計社
東京都新宿区山吹町二六一〒162-0801
☎〇三―三二六七―七八五一（編集）

発行者……小野寺優
発行所……河出書房新社
東京都渋谷区千駄ヶ谷二―三二―二〒151-0051
☎〇三―三四〇四―一二〇一（営業）
http://www.kawade.co.jp/
装　幀……こやまたかこ
印刷・製本……中央精版印刷株式会社
DTP……イールプランニング
Printed in Japan ISBN978-4-309-48553-9